从零开始

汪兰川 刘春雷 著

UI图标 第3版
设计与制作

人民邮电出版社

北 京

图书在版编目（CIP）数据

UI图标设计与制作 / 汪兰川，刘春雷著. -- 3版
. -- 北京：人民邮电出版社，2021.4
（从零开始）
ISBN 978-7-115-55778-0

Ⅰ．①U… Ⅱ．①汪… ②刘… Ⅲ．①人机界面一程序
设计 Ⅳ．①TP311.1

中国版本图书馆CIP数据核字(2021)第036879号

◆ 著　　　　汪兰川　刘春雷

责任编辑　赵　轩

责任印制　陈　犇

◆ 人民邮电出版社出版发行　　北京市丰台区成寿寺路 11 号
邮编　100164　电子邮件　315@ptpress.com.cn
网址　https://www.ptpress.com.cn

北京九州迅驰传媒文化有限公司印刷

◆ 开本：787×1092　1/16

印张：13.5　　　　　　　2021 年 4 月第 3 版

字数：311 千字　　　　2024 年 8 月北京第 10 次印刷

定价：69.80 元

读者服务热线：(010)81055410　印装质量热线：(010)81055316
反盗版热线：(010)81055315
广告经营许可证：京东市监广登字 20170147 号

沈阳建筑大学设计艺术学院副教授，现为辽宁省美术家协会会员，辽宁省动漫艺委会委员。

近年来，先后编著出版了《动画概论》《Flash CS3从基础到应用》《动漫美术欣赏教程》《After Effects应用教程》《Flash MV制作》《包装色彩设计》《包装图形设计》等专著与教材，并在核心刊物发表多篇论文。主要工作业绩包括漫画作品《中国式教育》获得第十一届全国美展入选奖；招贴设计获得首届及第二届辽宁省艺术设计作品展优秀奖；动画短片《寻城记》获得第二届辽宁省艺术设计作品展优秀奖、第一届辽宁省动漫作品展铜奖。

汪兰川

沈阳航空航天大学设计艺术学院视觉传达系主任，副教授，硕士研究生导师。

现为辽宁省美术家协会会员，中国包装联合会包装教育委员会委员，中国宇航协会会员，辽宁省包装联合会主任委员，中文核心期刊《包装工程》审稿专家，沈阳市青年美术家协会理事。

近年来，编著出版了《创意配色与设计》《纸品设计与制作工艺》《包装配色设计》《纸品创意与设计》《包装材料与结构设计》《包装设计印刷》《包装文字与编排设计》《包装造型创意设计》《构成艺术》《广告构图精粹》《现代动漫教程》等著作与教材40余部。绘画、设计作品连续入选第十届、第十一届全国美展，获得国家级、省级展览及其他各类奖项数十项。在学术期刊发表学术论文数十篇，主持科研项目数项。

刘春雷

前　言

　　随着时代的发展、科技的进步，越来越多的移动终端设备出现在人们的日常生活中，极大地便利了人们的工作与生活。智能手机、平板电脑等高科技产品在生活中逐渐普及，有着丰富功能和独特定位的软硬件产品也不断出现，而界面优美、操作简易、使用方便的产品总是更受人们的欢迎，UI设计的概念也随之提出。UI即为用户界面，UI设计是指对软件的人机交互、操作逻辑、界面美观的整体设计，其主要目的是使软件有鲜明的特点且简单易用，使界面更加美观，给用户带来独特的视觉感受，拉近商品与用户间的距离。UI设计在科技飞速发展的今天，正在以非常快的速度被用户认可和熟知。UI设计不同于以往的设计，其注重以简约的形式将内容呈现在人们眼前。图标是 UI 界面设计中基本的要素，它以图像符号将软件功能更加直观地表现出来，方便用户操作软件。UI设计是计算机技术与艺术深度结合的产物。在国际国内经济社会需求的大背景下，懂得UI设计的跨学科、复合型的专业人才将越来越受企业的欢迎。

编者

2020年9月

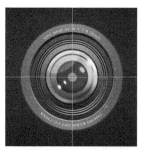

第1章　认识UI图标与UI图标设计

1.1 UI图标简介

UI即用户界面（User Interface）的英文缩写。UI中的图标（Icon）是具有指代意义或标识性质的图形。UI设计则是指对软件的人机交互、操作逻辑、界面外观的整体设计。好的UI设计不仅能让软件变得有个性、有品位，还能让软件的操作变得舒适、简单、自由，并充分体现软件的定位和特色。

今天，用户除了通过文本来获取软件的功能信息，更主要的是通过图标来识别和理解界面。UI图标设计就是将一定的含义转化为图形，或者说把文字语言"翻译"成图形语言，来达到标识数据、引导选择、切换开关、状态指示等目的。UI图标具有高度浓缩并快捷传达信息、便于记忆的特点。相比命令语言界面，图形用户界面的人机交互更多依赖于视觉元素，不需要用户记住系统指令，就可理解界面中图标所代表的含义，大大降低了用户的记忆负荷。功能性指令文字的描述通常冗长、长短不一，而图标有着统一的规格，更节省屏幕空间，更易于界面布局规划。尤其是在掌上设备中，图标使得屏内的人机信息交换量变大，形式也变得更加丰富，如图1-1所示。

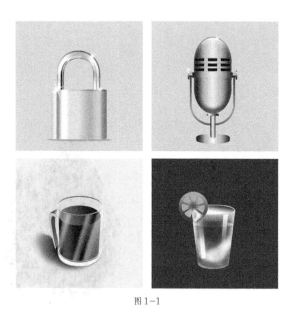

图1-1

1.2 UI图标的分类

1.2.1 按功能属性划分

UI图标按照其功能属性划分，可以分为启动图标和工具栏图标。

1. 启动图标

启动图标就是代表产品的象征符号，用户单击图标后可运行及打开软件，如图1-2所示。启动图标和标志设计有一定的相似之处，具有产品或者企业的象征意义。标志设计则更注重抽象和象征寓意，并更多地从企业文化视角出发，强调寓意的深度。而启动图标的应用环境以电子屏幕为主，讲究图标的可用性。

2. 工具栏图标

工具栏图标就是对软件起到解说和装饰功能的图标，是文字化解释的图标化设计，用以增强界面设计感和用户体验的趣味性。简约、概括、传达性是工具栏图标的主要特点，系列化设计也是工具栏图标区别于启动图标的典型特征，如图1-3所示。

图1-2

图1-3

1.2.2 按视觉风格划分

按照视觉风格划分，UI图标可以分为拟物化图标和扁平化图标。

1. 拟物化图标

拟物化图标是指图标与实物在视觉上尽可能地相像，通过造型、质感、文理、阴影等效果的运用对实物进行再现，让人可以一眼就看出图标表现的是什么东西，如图1-4所示。拟物化设计也有一些致命的缺点，例如过分注重外观，缺乏对功能的展现。或是将时间大量花在各种效果的呈现上，忽略了形式美的表现。拟物化设计确实引领过UI设计，功不可没，设计师也可以从中得到启发，同时，绘制拟物化图标可以锻炼设计技能，是设计师学习UI设计的必经阶段。

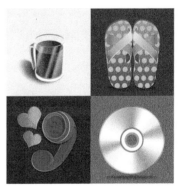

图1-4

2. 扁平化图标

扁平化图标是指摒弃高光、阴影和透视感的效果，通过抽象、简化、符号化的设计元素来表现功能的图标，如图1-5所示。扁平化表现极简抽象，常见元素包括矩形色块、大字体、光滑的边缘，现代感强，让用户想去体会这是什么东西。扁平化图标的交互核心在于功能本身，所以去掉了冗余的界面装饰。扁平化更加注重造型的形式而摒弃细枝末节的设计，多以简约的线条、形状、高级的渐变配色和元素构成关系夺人眼球，简约而不简单。

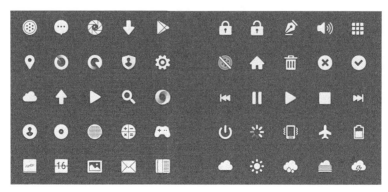

图1-5

1.3 UI图标的释义方式与感知设计

图标的准确释义是用户体验最为重要的衡量标准之一。释义精准可以对软件的推广有着巨大的推动作用。图标释义手段可遵循明确释义、间接释义与语义叠加三个原则。通常利用象形图形、语标符号、表意图形、抽象符号、语义叠加等方式来表现富含语义的图标，以及利用图标语义引导用户行为是图标设计的关键点。

1.3.1 明确释义

明确释义是指图形形象直接说明其指代对象、功能和状态等。具体可用象形图形、语标符号表示。

1. 象形图形

象形图形是最基本、最典型的处理方式。图标与其所传达的含义有直接的、对应的关系。在表现名词性程序图标和功能语义时，采用象形图形是最直接有效的手段。图1-6所示为表示日历、时间、天气等名词性程序的图标。

图1-6

2. 语标符号

语标符号是指蕴含特指含义的一个词（组）或产品标识（logo）的图形符号。程序名称简称、专业术语缩写、产品logo图像等均可归纳为语标符号。IE浏览器的图标就是借用Explorer这个单词的首字母"E"，如图1-7所示。随着网络语言的普遍流行，用户都认可PS为软件Photoshop，AI为软件Illustrator的简称。需要注意的是，这些语标符号需要在用户达成共识的基础上加以利用，否则容易造成难以释义的情况。例如，VB、VC可以作为编程语言的缩写，可以在一些面向专业人员的软件界面设计中使用，但对于没有相关认知的人群，这些缩写则很难将其释义传达给用户。

图1-7

1.3.2　间接释义

间接释义是指图标与其所表达的含义没有直接的对应关系，而是通过"意指""隐喻""寓意"等知觉类比方式将图标含义转换为视觉图形。根据现实世界已经存在的事物为蓝本，将人们对这些事物的认知联想运用到图标设计中，从而减少用户认知的难度。

间接释义是指导用户界面设计和实现的通用手段。具体实施手段可表现为表意图形和抽象符号。

1. 表意图形

表意图形通过隐喻的方式来表述含义。隐喻是以"相似"和"联想"为基础的，即图标图形与其语义存在的某一相似之处，在转化抽象的动词性文本时较为有效。如保存文件、设置、搜索、录音这些动词性文字，可以通过联想、类比等思维方式，将语义关联为动作执行的对象或参与物等具象事物的图形。图1-8所示为"放大镜"意为搜索图标。

2. 抽象符号

一些数学、逻辑、科学、音乐、语言中的标点符号都可以作为抽象图形表示一定的含义。例如，标点符号中的问号"？"可与问题、答疑、帮助等语义关联起来，如图1-9所示。图1-10给出了利用抽象符号来表示一定含义的图标设计案例。注意，有些抽象符号未必能使用户快速理解其内涵，如代表蓝牙和无线网络的图标。但是随着反复接触和视觉强化，用户已普遍认可这些符号。

图1-8

图1-9

图1-10

图标图形所表达出的释义，必须结合用户普遍认知、认可的心理基础，其内容才能真正被用户所理解。

3. 语义叠加

语义叠加指综合、交叉运用明释义、暗释义等释义手段，传达语义更复杂或语义相似的系列图标含义。在设计一系列含义接近的图标时，可以组合一些已有的基础图标来得到含义更为丰富的图标。报纸可以作为与新闻有关的图标来使用，但是，当要设计更细分的国内新闻与国际新闻的图标时，单一的具象图形很难表示到位，如图1-11所示。

图1-11

1.3.3 UI图标的感知与情感化设计

UI图标包括系统图标和应用图标，其表现形态有图形表现、文字表述、图形和文字相结合3种形式。从符号学的视角看，图标与界面的关系，即符号与符号、符号与背景之间的关系，不再是以往单纯图与底的关系，而是具有某种内在联系。界面中的图标不仅是单纯的图形化视觉符号，更是界面的情感传达方式。这种具有情感化特征的符号学图标，代替了传统纸质图文说明的形式，引导用户在操作过程中正确应用各种App软件，具有较强的亲和力。具有情感化的图标交互设计以人们的行为习惯作为人机交互设计的突破点，将图标设计为日常生活中常见、常用且直观和表象化的图形，让用户在体验、参与交互设计时身心愉悦，从而满足使用者的情感需求。人类的感知系统主要分为听觉、味觉、视觉、触觉、味觉，而其中视觉系统最为重要。界面产品的设计主要依靠的是用户利用"视觉刺激思维和人机交互处理模型"来达到人机互动从而达到传递或获取信息的结果，如图1-12所示。

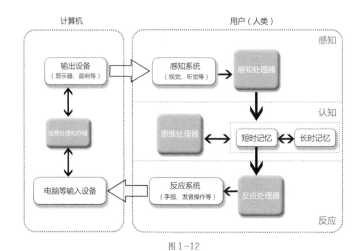

图1-12

视觉设计是在UI设计中可用性和交互设计研究的综合体现。视觉思维是感知与思维、艺术与科学的结合，能将人类本能的视觉感知、图形设计以及视觉可视化联系起来。在达到使用功能设计的基础上，现代GUI设计已经成为辅助交互，满足用户感知需求、审美需求的和自我实现需求的功能性的视觉设计。用户交互体验设计与UI设计是以用户为中心的设计，是认知科学学会发起人之一唐纳德·亚瑟·诺曼（Donald Arthur Norman）所创立的研究室首创的。设计来源于用户的任务、目标与环境，整个设计过程的重点是对目标用户的全面理解，并且使其参与从开始到结束的整个设计过程中去。用户使用产品的感受反馈给设计开发商，设计开发商根据用户的交互体验感受对设计进行改良，如此的设计关系被业内称之为"螺旋式迭代设计关系"，如图1-13所示。

这种关系让需求与设计更加深入和细致，通过这样的交互体验设计方式，我们很容易得到目标用户对产品的直接感受，也可以节约研究评估的成本，更具有较佳的客观性。我们知道，最初的许多需求往往只是一纸说明，但是对于那些需要视觉任务分析的设计项目来说，"螺旋式迭代设计关系"能够带来需求与设计的良性循环，使设计更加符合用户需求。

图1-13

1.3.4 视觉思维在UI设计中的涉及范围

视觉思维在UI设计中的涉及面较为广泛，包括了UI设计的整体设计风格及构图、图形语言、色彩因素、视觉层级关系设计和交互动画设计5方面内容，如图1-14所示。

通过视觉思维在UI设计中所涉及的方方面面与交互设计互相配合、融合应用，卓越的UI设计才能为用户提供更完美的交互体验。采用视觉思维导向的UI设计，能够帮助系统提高实用性与可用性，从而提高用户的使用效率。

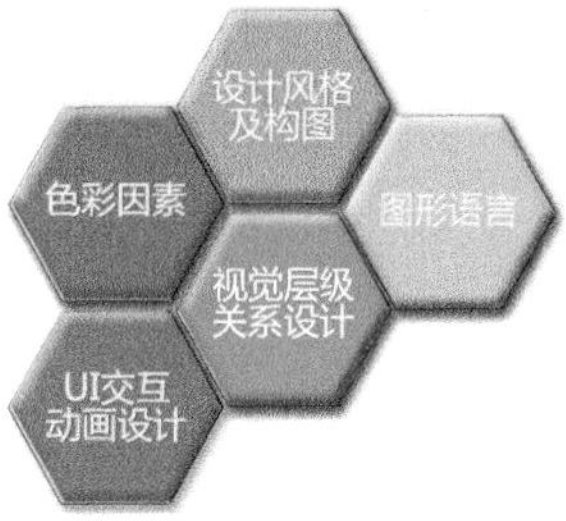

图1-14

1.4 UI图标设计原则与制作流程

好的UI图标设计，可以提高软件的普及程度与用户的认知速度。作为界面设计的关键部分，图标在人机交互设计中无所不在。随着人们对审美、时尚、趣味的不断追求，图标设计也不断翻新花样，越来越多精美、新颖、富有创造力和想象力的图标充斥着我们的视界。可是，从可用性的角度讲，并不是越花哨的图标越被用户所接受，图标的可用性要回归它的基本功能。图标的功能在于建立起计算机世界对真实世界的隐喻或者映射关系。用户通过这种隐喻，自然地理解图标背后的意义。但是，如果这种映射关系不能被用户轻松并且准确地理解，那么这种图标就不是好的图标。因此，图标的设计应该遵守以下原则。

1.4.1 易用性原则

综合当前对现有主要UI设计的分析，"以用户为中心"是整个设计的基本理念。UI产品首先要保证产品可用性，"以用户为中心"的理念衍射出易用性原则。在易用性原则之下，通过对用户视觉规律、交互习惯的规律应用，来保证产品的可行性。以用户为中心的开发设计理念如图1-15所示。

图 1-15

1.4.2 逻辑性原则

逻辑性体现了产品的交互思维，交互思维继而影响用户的操作思维。新产品的革新不能与之前的同类产品出现断层，逻辑性的转变需要一个过渡，所以新产品依然要遵循前代产品的逻辑性。

1.4.3 情感性原则

"以用户为中心"理念的最早期原则便是将冷漠的机器赋予情感，理念和拟物化设计就此诞生。情感化看似不重要，但是在产品品牌竞争中确实是一把利剑，情感化设计可以连同设计质量增强对用户的吸引力。所以，在不影响易用性的基础上增加趣味性可以让用户对产品产生依赖感。

1.4.4 直观性原则

直观性原则之前多应用于类界面设计，如网页信息的展示。直观性原则解决的是如何让用户更加直接地理解，所以直观性设计意在缩短用户与信息之间的交互距离。直观性产品UI设计中的模块化设计便是最典型的直观性产品设计。

1.4.5 美观性原则

审美理想、审美欲望、审美追求是人与生俱来的，所以美观性也是"以用户为中心"的设计理念的衍生原则。美的外在与实用的功能同等重要。著名艺术评论家约翰·拉斯金曾说过"生命无视实业是罪孽，实业无美术是兽性"。美的设计不仅仅满足了用户的审美需求，还可以提升产品的品质与情感。

1.5 UI图标的设计要素

1.5.1 形态设计

"形态设计"是塑造图标形象的一个重要方面。"形"是图标的物质形体，是指图标的外形；"态"则指图标可感觉的外观形状和神态，也可理解为图标外观的表情因素。形态是塑造UI可视形象，与用户进行视觉交流的最直接、最重要的信息载体。同时，形态是信息的载体，设计师通常利用特有的造型语言进行图标的形态设计，如图1-16所示。利用图标特有形态向外界传达出设计师的思想和理念，用户在选购产品时也是通过图标形态所表达出某种信息内容来判断和衡量与其内心所希望的是否一致，并最终做出判断。

图1-16

形态承载着产品的诸多信息，在UI图标设计过程中，设计师借助特殊的造型展开形态设计，通过特殊的形态实现设计师理念与思想的传递。设计师通常利用特有的设计语言——例如点、线、形、尺度、形状、比例及其相互之间的构成关系操控、形体的分割与组合等——进行产品的形态设计，传递设计师的创意理念与思想。

1.5.2 色彩设计

色彩是最抽象化的语言，作为首要的视觉审美要素，色彩深刻地影响着人们的视觉感受和心理情绪。色彩设计在UI图标设计中处于十分重要的位置，承担着重要的信息传达任务，是塑造形象的关键。人类对色彩的感觉最强烈、最直接，印象也最深刻。色彩属于抽象化的语言，它是视觉审美要素中的一种，利用色彩能够引导用户的心理情绪与视觉感受，因此，对于用户而言，色彩对其影响是直接的、强烈的，进而将使用户对产品的印象更加深刻。同时，色彩具有较强的敏感性，还拥有一定的象征意义，对于用户的影响是深远的。色彩对产品意境的形成有很重要的作用，在设计中色彩与具体的形、质结合，才能使产品更具生命力。

从色彩的视觉心理角度分析，色彩相对于形和质来说更感性，它的象征作用和对用户情感的影响力远大于形和质。物体的形状、空间的界限和区别等，都是通过色彩和明暗关系来反映的，人们必须借助于色彩才能认识世界、改造世界。因此，色彩在人们的社会生产、生活中具有十分重要的识别功能。色彩鲜活的图标设计如图1-17所示。

1.5.3 材质设计

材质是构成产品的基本要素，如果没有材质，产品也就无从谈起。

图1-17

一方面，材质保证了产品的使用功能；另一方面，材质成为直接被用户视及和触及的对象，其外部形态与表面纹理、质感等视、触觉要素都直观地表达了产品形象。

材质设计作为基本的要素构成了产品。用户接触产品时，主要接触的对象便是产品的材质，如表面纹理与外部形态等，此时的质感直接传递着产品的形象。通过产品材质，用户可以了解产品的属性，如自然属性、社会属性与科技属性等。UI图标的材质效果如图1-18所示。

图1-18

1.6 UI图标设计流程

1.6.1 第一阶段——图标创意

根据项目需求确定图标的风格。在设计UI图标的初始阶段，常用"风格评测"的方法来确定图标设计项目的风格路线，这也是项目前期用户研究的结果。当我们接到设计任务后，怎么开始设计图标呢？首先我们要看懂需求，对每个功能图标的定义要非常清楚，否则我们设计的结果将导致用户难以理解，这也是图标设计所涉及的可用性问题。理解功能需求后，我们要收集很多关于"词语→图形"之间能转化的元素，用生活中的事物或其他视觉产品来代替所要表达的功能信息或操作提示。

1.6.2 第二阶段——绘制图标草图

这个阶段就是把创意绘制出来，检验视觉关系，也就是在视觉方面多在草图上推敲，这样效率较高，避免在渲染之后后悔。首先要确定图标透视，这关系到一套方案中的每个图标的透视方向，是在图标设计一致性方面的基本要求，首先做到透视统一，然后一步步添加细节。图标设计草图如图1-19所示。

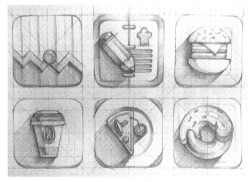

图1-19

1.6.3 第三阶段——草图制作与渲染

为恰当的界面设计任务制作恰当的图标小部件，不但可以增强应用软件界面风格的一致性，同时也可以使得应用软件很容易构造。将草图绘制成可以应用的图标，需要相关制作软件的帮助。图标之间的"视觉差异对比"要比文本更强，这样有利于用户更快地定位到所需的内容，提高视觉目标搜索的效率。虽然不同文化对某一图形含义的理解可能存有差异，但是图形符号还是比文字更加通用。对于UI界面设计而言，利用图标更易于避免文字翻译的缺陷。同时，图标也可有效降低因开发不同语言版本的成本。计算机制作及渲染效果如图1-20所示。

图1-20

1.6.4 UI设计流程及制作软件

在现有的UI设计流程中，通常包含下面4个角色：产品经理、交互设计师、视觉设计师以及用户研究分析师。在一个完整的UI设计流程中，他们各自承担着不同的角色，相互协作，完成流程中的工作。现有UI设计流程的分工，其最终目的，就是通过不同专业、不同职责的设计角色使用其专业技能，合力打造一款优秀的产品，创造最大的产品价值。UI设计流程如图1-21所示。

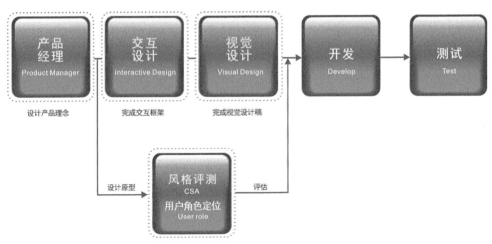

图1-21

1. 产品概念设计阶段

在这个阶段，主要由产品经理负责。产品经理在这个阶段需要根据市场情况、竞争产品的状态以及自身公司的战略发展目标，对产品进行概念设计。通常情况下，在这个阶段产品经理需要输出产品设计初稿。在产品设计初稿中，产品设计的理念被表达出来，它不需要像交互设计师那样制作非常精确的UI布局，也不需要设定人机交互规范，只需要表达出产品经理的产品意图即可。UI设计初稿如图1-22所示。

图 1-22

2. UI交互设计阶段

在产品概念设计通过评审后，就会进入产品的UI交互设计阶段。UI交互设计阶段需要融合两方面的元素，一方面是产品的功能，另一方面是产品所属平台的可用性和人机交互的规范性。UI交互设计师需要将这两方面元素融入产品的UI设计稿中，产品可用性的优劣通常都在这个阶段体现出来。UI交互设计层级如图1-23所示。

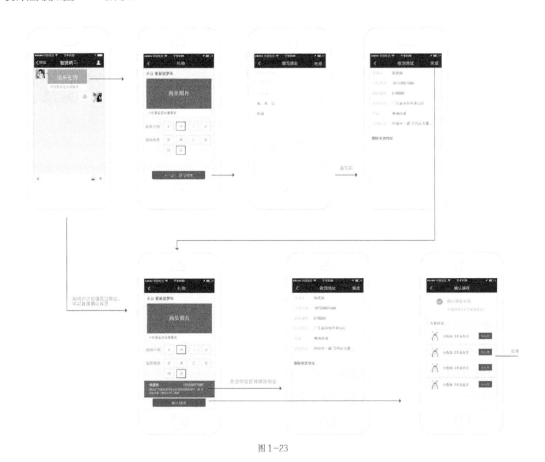

图 1-23

3. UI视觉设计阶段

在交互设计师完成UI交互设计后，输出UI交互设计图。视觉设计师开始工作，设定视觉风格，输出视觉定稿，交付给整个设计团队进行评审。在评审确认视觉定稿后，再输出视觉切图，给到开发人员进行开发，来完成样稿（Demo）或者正式的产品。视觉设计师在这个阶段给予产品最为重要的特性——色彩。因此，对于在用户可以看到的产品层面上，几乎都是由视觉设计师完成的。视觉设计完成稿如图1-24所示。

图1-24

4. 用户研究分析阶段

在这个阶段中，用户研究分析师们会利用上个阶段输出的Demo，约谈用户，或者使用问卷的形式，来记录用户的反馈内容。通过这个环节，用户对产品的一些疑问将被收集起来，一并反馈给产品UI设计团队。

1.6.5 UI设计职位与分工

UI设计流程中各个角色工具使用表

职位	使用工具与软件
产品经理	纸张、Axure
交互设计师	Firework、Axure
视觉设计师	Photoshop
用户研究分析师	问卷、原型

1. 产品经理

在整个UI设计的流程中，产品设计概念最初来源于产品经理。在进行产品设计时，他们需要考虑目标用户特征、竞争产品、产品是否符合公司的业务模式等诸多因素。产品经理设计出来的产品理念，通常比较粗糙，只考虑到功能点，还未考虑到具体的人机交互。当他们完成产品的初稿后，就会转交给交互设计师进行人机交互规范的设计。

好的产品设计理念既要满足用户的需求，也要为公司带来较好的盈利，符合公司短期或者长期发展的战略目标。一般而言，产品经理管理的是一个或者多个有形产品。但是，产品经理也可以用于描述管理无形产品，如音乐、信息和服务的人。有形产品行业产品经理的角色与服务业中的项目总监类似。

2. 交互设计师

交互设计师的主要工作就是将产品经理的产品设计图，通过专业的人机交互技术，重新设计布局，让UI设计更加符合用户习惯。同时，交互设计师也会对产品进行行为设计。行为设计是指各种用户操作后的效果设计，例如按钮按下后的表现形式应该是怎样的，这些UI行为都需要设计行为。产品经理和交互设计师负责产品初期的交互行为，因为他们的工作经过抽象后有相似的设计需求，因此归类为一个角色，后续将统一为交互设计师角色。

3. 视觉设计师

如果将交互设计师比喻为赋予UI骨骼和行动的工程师的话，那么视觉设计师则是为UI设计生命色彩和个性的伟大创造者。视觉设计师通过UI交互稿进行色彩、尺寸、间距等控件的设计，为产品带来生命力，最终输出视觉设计稿。视觉稿就是视觉设计师对UI交互稿进行视觉美化的成果。UI交互稿在设计时，是完全不考虑色彩搭配的，只考虑人机交互的逻辑，而视觉稿，更多的是去定义UI的尺寸和色彩，给软件产品注入生命色彩。

4. 用户研究分析师

用户研究分析师负责验证产品设计是否符合用户的使用需求。通过使用软件原型，用户研究分析师们可以找到软件产品存在的设计缺陷。如UI按钮位置不符合用户预期，文字提醒没有满足用户认知，UI色彩过于鲜艳等问题，都需要用户研究分析师通过研究的手段，反馈给设计团队进行优化。

第2章　制作金属质感图标

　　越来越多的图标创新设计中开始加入特定质感的视觉效果，即通过设计软件模拟现实生活中的一些材料因素，加强图标的美观和精致程度，例如模拟金属质感的图标。设计者在运用质感表现的时候，可以通过对造型、色彩、效果等特征进行分析，设计出具有独特魅力的图标。

　　本章讲解如何利用Photoshop制作金属质感图标。在图标的质感表现中，灵活使用渐变填充来调节色彩，读者可以根据个人喜好来应用其他颜色。在设计过程中，调整图层样式，再添加上适当的效果，可以使整个图标看起来更有质感。

01 打开 Photoshop（后文简称为 PS），执行【文件】-【新建】命令，在弹出的【新建】对话框中将【名称】设置为"齿轮"，【宽度】和【高度】都设置为16厘米，【分辨率】设置为300像素/英寸，【颜色模式】设置为 RGB 颜色8位，如图2-1所示。（本案例所介绍的步骤涉及的参数设置，正文中如未提及，则为默认。）

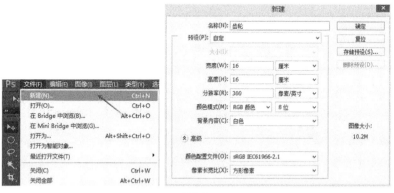

图2-1

02 单击工具箱中的【设置前景色】，在弹出的【拾色器】对话框中输入色值 dae6da。选择【油漆桶工具】，选择图层【背景】，单击画板上的任意位置，将背景变成灰蓝色，如图2-2所示。

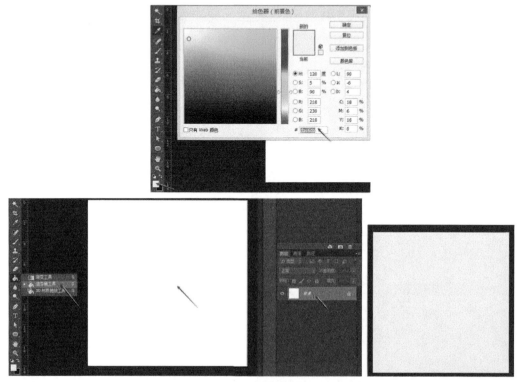

图2-2

03 按Ctrl+R快捷键调出标尺，将参考线横向和纵向都拉到8厘米的位置，如图2-3所示，单击【设置前景色】并将色值更改为ffffff。

图2-3

04 选择【多边形工具】，单击属性栏的小齿轮图标，勾选【星形】，单击画板，在弹出的【创建多边形】对话框中将【宽度】和【高度】都设置为12.5厘米，【边数】设置为9，如图2-4所示。将创建的星形图层命名为"星形"，将星形移动到画板的中央。

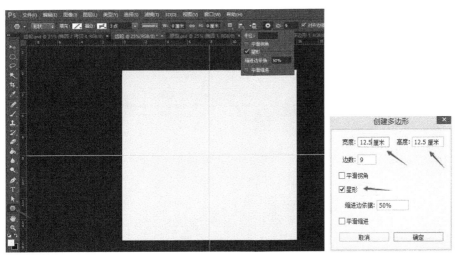

图2-4

05 选择【椭圆工具】，在参考线的交点处单击，在弹出的【创建椭圆】对话框中将【宽度】和【高度】都设置为3.1厘米，勾选【从中心】，画出一个圆形。将图层命名为"1"，按住Ctrl键，单击图层【1】缩略图创建选区，执行【选择】-【存储选区】命令，在弹出的【存储选区】对话框中将【名称】设置为"1"，如图2-5所示。

06 选择【椭圆工具】，在参考线的交点处单击，在弹出的【创建椭圆】对话框中将【宽度】和【高度】都设置为5厘米，勾选【从中心】，画出一个圆形。将图层命名为"2"，按住Ctrl键，单击图层【2】缩略图创建选区，执行【选择】-【存储选区】命令，在弹出的【存储选区】对话框中将【名称】设置为"2"，如图2-6所示。

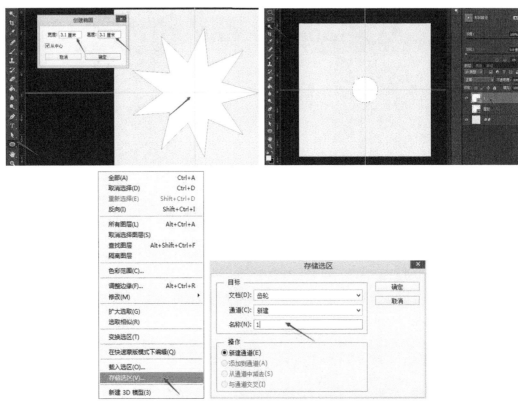

图2-5

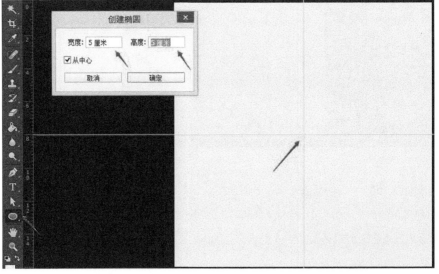

图2-6

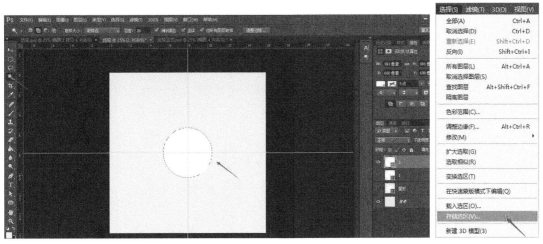

图2-6（续）

07 选择【椭圆工具】，在参考线的交点处单击，在弹出的【创建椭圆】对话框中将【宽度】和【高度】
都设置为7.2厘米，勾选【从中心】，画出一个圆形。将图层命名为"3"，按住Ctrl键，单击图层【3】缩略
图创建选区，执行【选择】-【存储选区】命令，在弹出的【存储选区】对话框中将【名称】设置为"3"，
如图2-7所示。

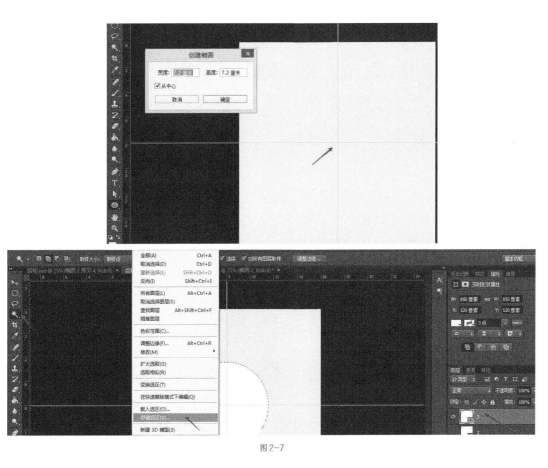

图2-7

08 选择【椭圆工具】，在参考线的交点处单击，在弹出的【创建椭圆】对话框中将【宽度】和【高度】

都设置为9厘米，勾选【从中心】，画出一个圆形。将图层命名为"4"，按住Ctrl键，单击图层【4】缩略图创建选区，执行【选择】-【存储选区】命令，在弹出的【存储选区】对话框中将【名称】设置为"4"，如图2-8所示。

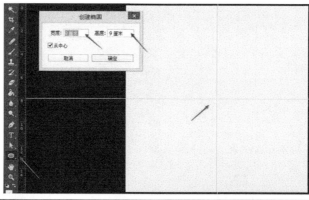

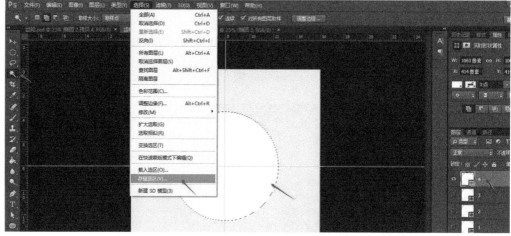

图2-8

09 执行【选择】-【载入选区】命令，在弹出的【载入选区】对话框中，【通道】选择4，单击【确定】按钮后，执行【选择】-【反向】命令，如图2-9所示。

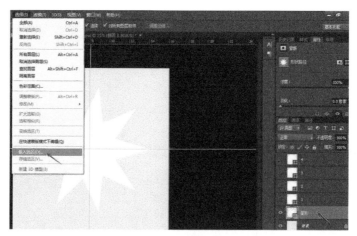

图2-9

图2-9（续）

10 选择除图层【背景】之外所有图层，单击鼠标右键，在弹出的菜单中选择【栅格化图层】。同时选择图层【星形】和图层【3】，单击鼠标右键，在弹出的菜单中选择【合并图层】，将合并的图层命名为"3"，如图2-10所示。按Delete键删除图层【3】选区内的像素，得到齿轮图形。

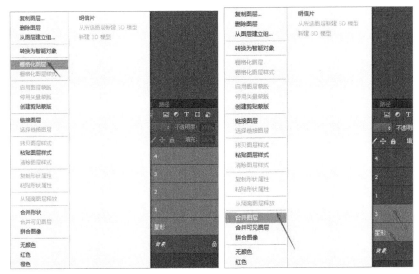

图2-10

11 执行【选择】-【载入选区】命令，在弹出的【载入选区】对话框中，【通道】选择1，选择图层【2】，按Delete键删除选区内像素，得到圆环图形。删除图层【1】和【4】，如图2-11所示。

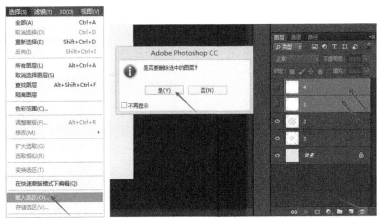

图2-11

12 将图层【2】重新命名为"圆环"，将图层【3】重新命名为"齿轮"，如图2-12所示。

13 选择图层【齿轮】，单击鼠标右键，在弹出的菜单中选择【复制图层】，将复制出来的图层命名为"齿轮金属"，如图2-13所示。

图2-12

图2-13

14 选择图层【齿轮金属】，单击鼠标右键，在弹出的菜单中选择【混合选项】。在弹出的【图层样式】对话框中勾选【斜面和浮雕】，【样式】选择【内斜面】，【方法】选择【平滑】，将【深度】设置为1000%，【大小】设置为16像素，【软化】设置为0像素；取消勾选【使用全局光】，将【角度】设置为120度，【高度】设置为50度；【高光模式】选择【线性减淡（添加）】，将【不透明度】设置为100%，色值设置为898989；将【阴影模式】色值设置为4b4e53，如图2-14所示。

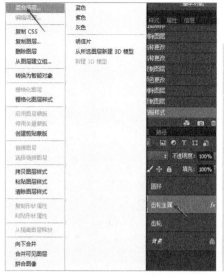

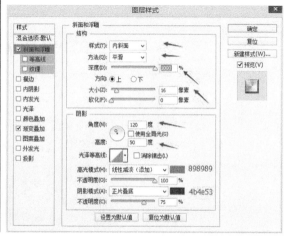

图2-14

15 勾选【渐变叠加】,【混合模式】选择【正常】,【样式】选择【角度】,将【角度】设置为90度。单击【渐变】的色条,在弹出的【渐变编辑器】中设置从左至右的色标,将8个色标的【颜色】色值分别设置为a6a6a6、dedede、eaeaea、d8d8d8、b6b6b6、9f9f9f、d4d4d4和a5a5a5,【位置】分别设置为0%、16%、32%、46%、60%、74%、80%和100%,如图2-15所示。

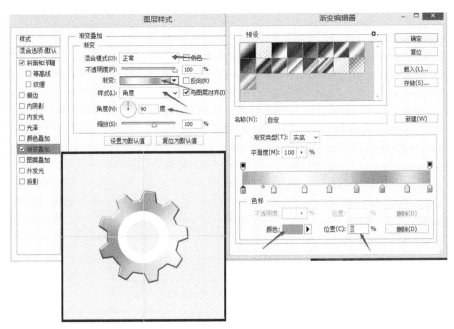

图2-15

16 选择图层【齿轮】,单击鼠标右键,在弹出的菜单中选择【复制图层】,将复制的图层命名为"齿轮阴影"。选择图层【齿轮阴影】,按Ctrl+T快捷键进入自由变换状态,按住Shift键将图形等比例放大,如图2-16所示。

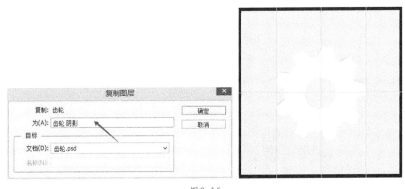

图2-16

17 选择图层【齿轮阴影】,单击鼠标右键,在弹出的菜单中选择【混合选项】。在弹出的【图层样式】对话框中勾选【渐变叠加】,【样式】选择【线性】,将【角度】设置为90度。单击【渐变】的色条,在弹出的【渐变编辑器】中设置从左至右的色标,将4个色标的【颜色】色值分别设置为5d606a、989aac、5a5d71和a5a8b2,【位置】分别设置为0%、64%、81%和100%,如图2-17所示。

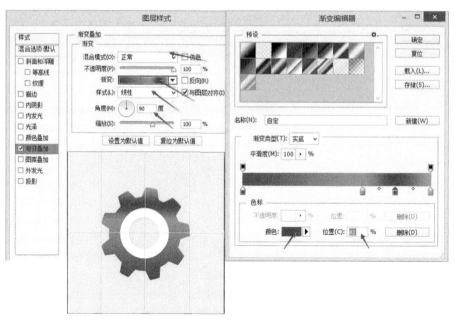

图2-17

18 将图层【齿轮阴影】置于图层【齿轮金属】的下一层，调整位置至得到如图2-18所示的效果。

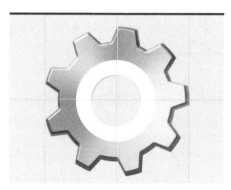

图2-18

19 用【钢笔工具】框选多余的阴影，单击鼠标右键，在弹出的菜单中选择【建立选区】，选择图层【齿轮阴影】并按Delete键删除选区像素，得到图2-19所示的效果。

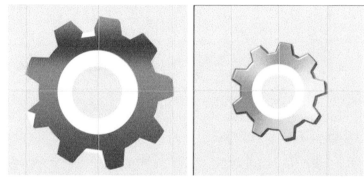

图2-19

20 选择图层【圆环】，单击鼠标右键，在弹出的菜单中选择【混合选项】。在弹出的【图层样式】对话框中选择【斜面和浮雕】，【样式】选择【外斜面】，【方法】选择【雕刻清晰】，将【深度】设置为276%，【大小】设置为1像素，【软化】设置为0像素，【角度】设置为120度，【高度】设置为30度，【高光模式】色值设置为e8f0f5，【阴影模式】色值设置为dbe2e7，如图2-20所示。

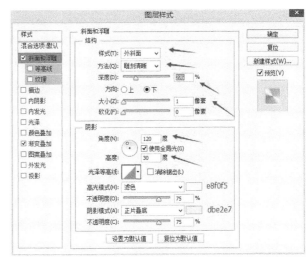

图2-20

21 勾选【渐变叠加】，【样式】选择【线性】，将【角度】设置为-170度。单击【渐变】的色条，在弹出的【渐变编辑器】中设置从左至右的色标，将9个色标的【颜色】色值分别设置为9999999、ececec、afafaf、b4b3b3、c0c0c0、e8e8e8、afafaf、adadad和999999，【位置】分别设置为5%、15%、25%、38%、51%、63%、76%、88%和100%，如图2-21所示。

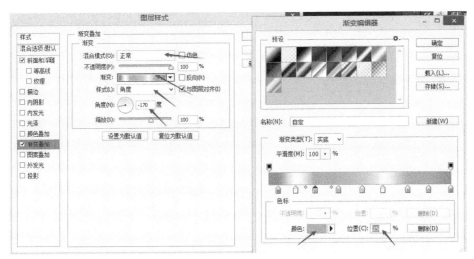

图2-21

22 单击【图层】面板上的【创建新图层】按钮，将图层命名为"内"。选择【钢笔工具】勾出图2-22中的轮廓，在图上单击鼠标右键，在弹出的菜单中选择【填充路径】，【使用】选择【前景色】，如图2-22所示。

23 选择图层【内】，单击鼠标右键，在弹出的菜单中选择【混合选项】。在弹出的【图层样式】对话框中勾选【渐变叠加】，【样式】选择【线性】，将【角度】设置为0度。单击【渐变】的色条，在弹出的【渐变编辑器】中设置从左至右的色标，将7个色标的【颜色】色值分别设置为5c5c5d、d2d2d2、b3b3b3、d7d7d7、696969、575758和fcfcfc，【位置】分别设置为16%、37%、50%、63%、83%、96%和100%，效果如图2-23所示。

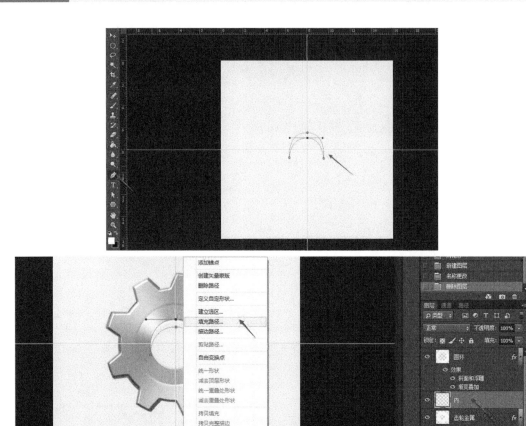

图 2-22

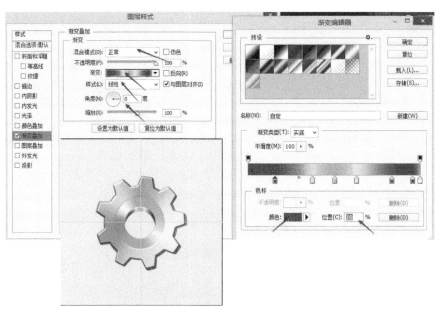

图 2-23

24 选择图层【齿轮】，单击鼠标右键，在弹出的菜单中选择【复制图层】，将复制出的图层命名为"阴影"。选择图层【阴影】，单击鼠标右键，在弹出的菜单中选择【混合选项】。在弹出的【图层样式】对话框中勾选【投影】，【混合模式】选择【正片叠底】，将颜色色值设置为1b1b1b，【不透明度】设置为50%，【角度】设置为90度，【距离】设置为32像素，【扩展】设置为36%，【大小】设置为42像素，如图2-24所示。

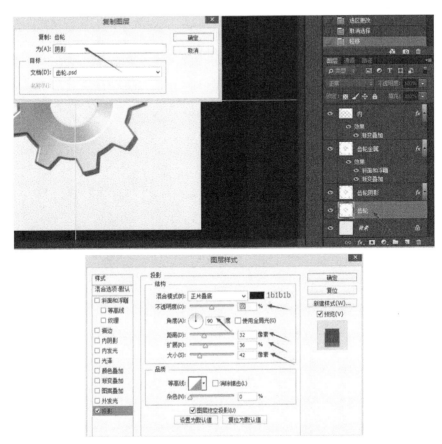

图2-24

25 调整图层顺序，如图2-25所示，选择除图层【内】之外的所有图层，按Ctrl+T快捷键进入自由变换状态，按住Shift键将这些图层顺时针旋转15度。完成效果如图2-26所示。

图2-25

图2-26

第3章　制作扁平化风格图标

　　扁平化风格图标是手机图标设计发展中的一种趋势，作为一名UI设计师，扁平化图标设计是必须掌握的表现方法。扁平化的核心理念就是化繁为简，把一个事物尽可能用最简洁的方式表现出来，但简洁不等于简单。扁平化风格的图标通常使用鲜艳、明亮的色彩，在造型上，以简单几何形态为主，简洁大方。扁平化风格的图标由于设计元素、色彩的减少，摒弃了过多的装饰，使用户在使用过程中更加自如。

　　本章将利用PS制作扁平化风格图标，在图标的造型表现上利用"椭圆"等工具进行绘制，图形简洁大方；在色彩的表现上，用色简单、明快；在图标效果的设计中通过设计图层样式，并添加适当的效果，使图标充满了简约的现代感。

01 打开PS，执行【文件】-【新建】命令。在弹出的【新建】对话框中将【名称】设置为"对号图标"，将【宽度】和【高度】都设置为16厘米，【分辨率】设置为300像素/英寸，【颜色模式】设置为RGB，如图3-1所示。（本案例所介绍的步骤涉及的参数设置，正文中如未提及，则为默认。）

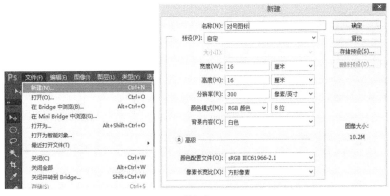

图 3-1

02 按Ctrl+R快捷键调出标尺，将参考线横向和纵向都拉到8厘米的位置，如图3-2所示。

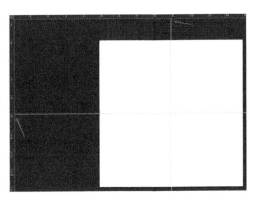

图 3-2

03 单击工具箱中的【设置前景色】，在弹出的【拾色器】对话框中输入色值e3e3e3，如图3-3所示。

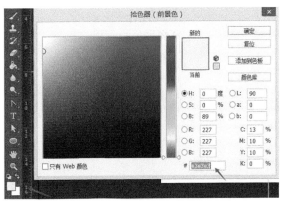

图 3-3

04 选择【椭圆工具】，在参考线的交点处单击，在弹出的【创建椭圆】对话框中将【宽度】和【高度】设置为8厘米，勾选【从中心】，画出一个圆形，将图层命名为"外"，如图3-4所示。

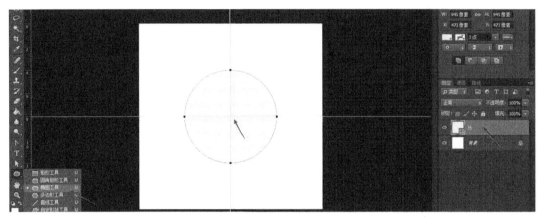

图3-4

05 选择图层【外】，单击鼠标右键，在弹出的菜单中选择【混合选项】，在弹出的【图层样式】对话框中勾选【斜面和浮雕】，勾选【等高线】，【样式】选择【内斜面】，【方法】选择【平滑】，将【深度】设置为1%，【大小】设置为25像素，取消勾选【使用全局光】，将【角度】设置为120度，【高度】设置为25度；【光泽等高线】选择【环形】，勾选【消除锯齿】；【高光模式】选择【颜色减淡】；将【阴影模式】色值设置为bdbdbd，【不透明度】设置为60%；选择【等高线】，【等高线】选择【高斯】，勾选【消除锯齿】，如图3-5所示。

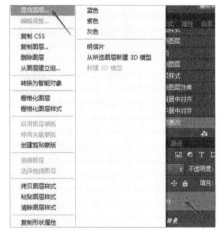

图3-5

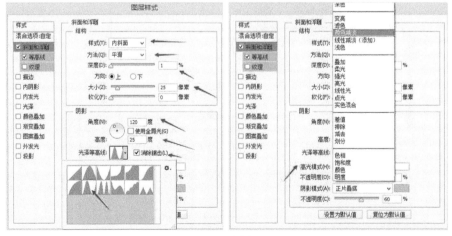

图3-5（续）

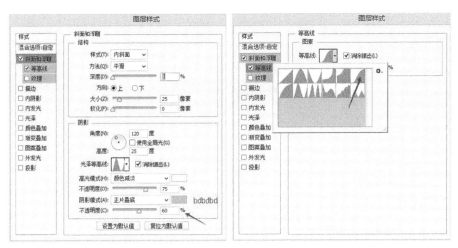

图3-5（续）

06 勾选【内阴影】，将【不透明度】设置为50%，取消勾选【使用全局光】，将【角度】设置为120度，【距离】设置为5像素，【大小】设置为22像素，如图3-6所示。

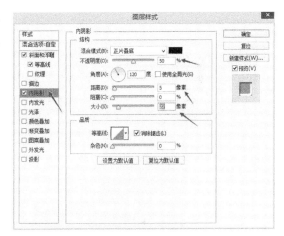

图3-6

07 勾选【光泽】，将【混合模式】颜色色值设置为bfbfbf，【不透明度】设置为50%，【角度】设置为19度，【距离】设置为6像素，【大小】设置为7像素，【等高线】选择【高斯】，如图3-7所示。

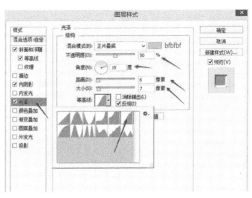

图3-7

08 勾选【投影】，将【混合模式】颜色的色值设置为1b1b1b，【不透明度】设置为55%，【距离】设置为15像素，【扩展】设置为12%，【大小】设置为8像素，【混合选项】选择【填充不透明度】，不透明度值设置为40%，如图3-8所示。

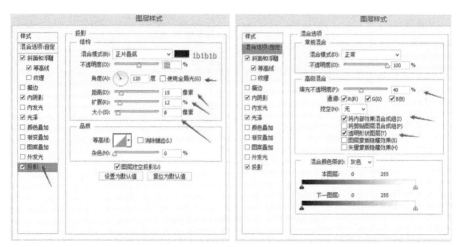

图3-8

09 选择【椭圆工具】，在参考线的交点处单击，在弹出的【创建椭圆】对话框中将【宽度】和【高度】设置为6.8厘米，勾选【从中心】，画出一个圆形，将图层命名为"内"；单击属性栏中的【填充】，在弹出的【拾色器】对话框中输入色值aaaaaa，如图3-9所示。

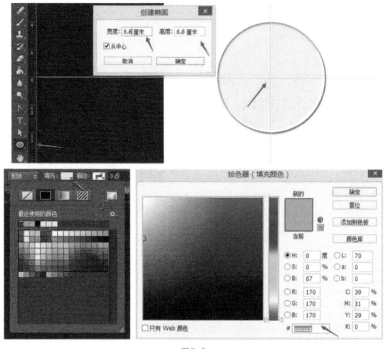

图3-9

10 选择图层【内】，单击鼠标右键，在弹出的菜单中选择【混合选项】，在弹出的【图层样式】对话框中勾选【斜面和浮雕】，勾选【等高线】，【样式】选择【内斜面】，【方法】选择【平滑】，将【深度】设置为52%，【大小】设置为21像素，【角度】设置为120度，【高度】设置为30度。双击【光泽等高线】旁的窗口，调出【等高线编辑器】，将曲线调至图3-10所示的位置。【高光模式】选择【正常】，将【阴影模式】

的色值设置为075174，如图3-10所示。

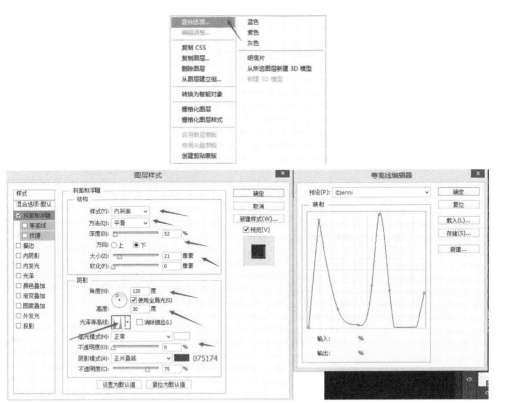

图3-10

11 勾选【描边】，将【大小】设置为8像素，【位置】选择【内部】，【样式】择选【线性】；单击【渐变】旁的色条，单击颜色条添加色标，单击色标，再单击下方【颜色】旁的色板，输入色值，单击【位置】数值，更改色标位置。将从左至右的色标的【颜色】色值分别设置为f2f5f7、e5ebee、e5ebee、f6f8f9和bccad3，【位置】分别设置为0%、51%、51%、99%和99%，如图3-11所示。

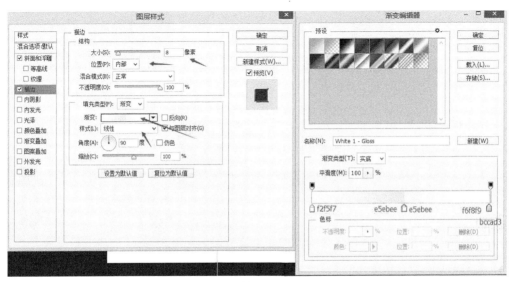

图3-11

12 勾选【内发光】，【混合模式】选择【滤色】，单击颜色色板，在弹出的【拾色器】对话框中将色值设置为ffffbe，将【大小】设置为5像素，如图3-12所示。

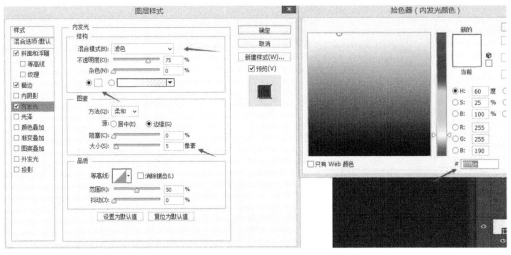

图 3-12

13 勾选【颜色叠加】，将色值设置为0065ad，得到如图3-13所示的效果。

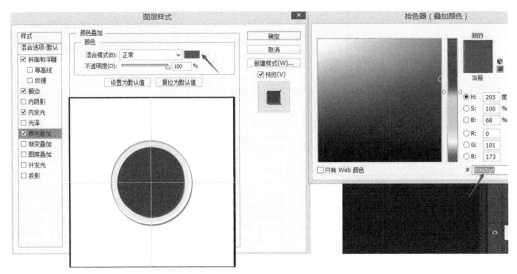

图 3-13

14 选择【椭圆工具】，在参考线的交点处单击，在弹出的【创建椭圆】对话框中将【宽度】和【高度】设置为6.3厘米，勾选【从中心】，画出一个圆形，将图层命名为"蓝色渐变"，如图3-14所示。

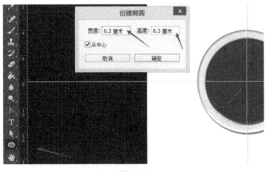

图 3-14

15 选择图层【蓝色渐变】，单击鼠标右键，在弹出的菜单中选择【混合选项】，在弹出的【图层样式】对话框中勾选【内发光】，【混合模式】选择【滤色】，将【不透明度】设置为66%，单击颜色面板，在弹出的【拾色器】对话框中将色值设置为094989，将【大小】设置为27像素，如图3-15所示。

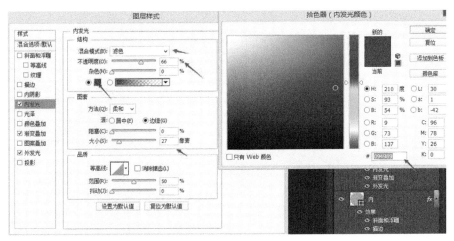

图3-15

16 勾选【渐变叠加】，【样式】选择【线性】，将【角度】设置为90度，单击【渐变】的色条，在弹出的【渐变编辑器】对话框中选择左侧的色标，将其【颜色】色值设置为80d7ed，【位置】设置为30%，选择右侧的色标，将其【颜色】色值设置为0a4f96，【位置】设置为100%，如图3-16所示。

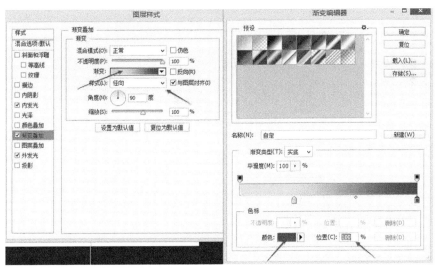

图3-16

17 勾选【外发光】，单击颜色面板，在弹出的【拾色器】对话框中将色值设置为000000，【大小】设置为15像素，如图3-17所示。

18 选择【圆角矩形工具】，在参考线交点处单击，在弹出的【创建圆角矩形】对话框中将【宽度】设置为2.6厘米，【高度】设置为0.7厘米，【半径】设置为40像素，勾选【从中心】。选择上方属性栏中的【填充】，在弹出的【拾色器】对话框中输入色值ffffff，将图层命名为"对号1"，如图3-18所示。

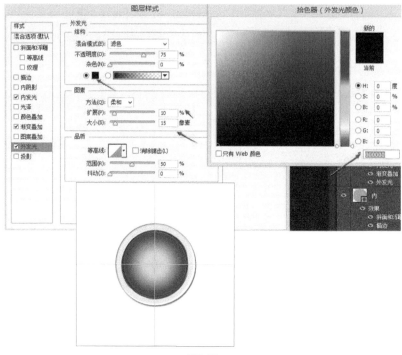

图3-17

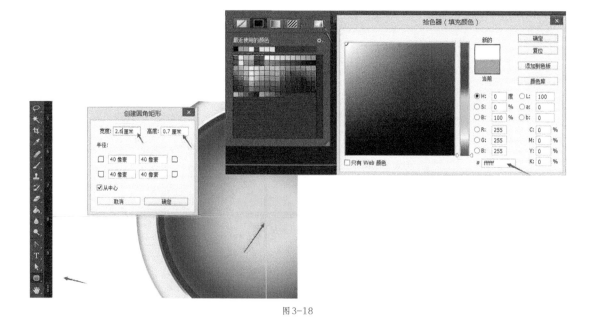

图3-18

19 选择【圆角矩形工具】，在参考线交点处单击，在弹出的【创建圆角矩形】对话框中将【宽度】设置为4厘米，【高度】设置为0.7厘米，【半径】设置为40像素，勾选【从中心】，将图层命名为"对号2"，如图3-19所示。

20 选择图层【对号1】，按Ctrl+T快捷键，然后按住Shift键将图形顺时针旋转45度，再选择【移动工具】，在弹出的提示对话框中单击【应用】按钮。选择图层【对号2】，按Ctrl+T快捷键，然后按住Shift键将图形逆时针旋转45度，再选择【移动工具】，在弹出的提示对话框中单击【应用】按钮，如图3-20所示。

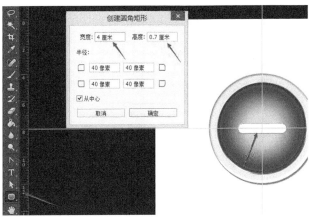

图 3-19

图 3-20

21 选择图层【对号1】，按住Shift键，加选图层【对号2】，单击鼠标右键，在弹出的菜单中选择【合并形状】，将合并的图层命名为"对号"。用【移动工具】移动对号的位置，得到图3-21所示的效果。

图 3-21

22 选中图层【对号】，单击鼠标右键，在弹出的菜单中选择【混合选项】，在弹出的【图层样式】对话框中勾选【描边】，将【大小】设置为5像素，【位置】选择【外部】，【填充类型】选择【颜色】，单击【颜色】面板，在弹出的【拾色器】对话框中输入色值148639，如图3-22所示。

23 勾选【渐变叠加】，【样式】选择【线性】，将【角度】设置为90度，单击【渐变】的色条，在弹出的【渐变编辑器】对话框中选择左侧的色标，将其【颜色】色值设置为85d420，【位置】设置为0%，添加中间的色标，将其【颜色】设置为c0f531，【位置】设置为50%，选择右侧的色标，将其【颜色】色值设置为5dac0a，【位置】设置为100%，如图3-23所示。

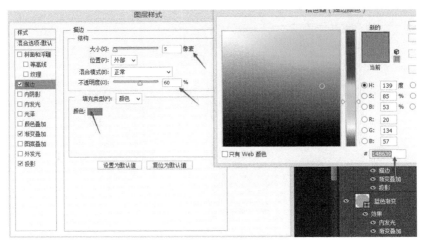

图 3-22

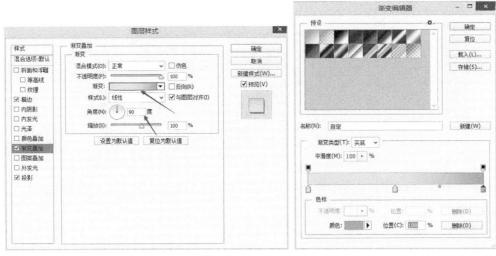

图 3-23

24 勾选【投影】，将【混合模式】颜色色值设置为0b4700，【不透明度】设置为75%，【距离】设置为12像素，【扩展】设置为9%，【大小】设置为10像素，如图3-24所示。

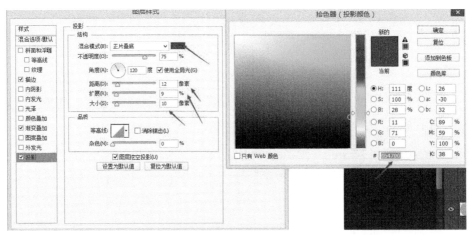

图 3-24

25 选择【椭圆工具】，在参考线的交点处单击，在弹出的【创建椭圆】对话框中将【宽度】和【高度】设置为6厘米，勾选【从中心】，画出一个圆形，将图层命名为"高光1"，如图3-25所示。

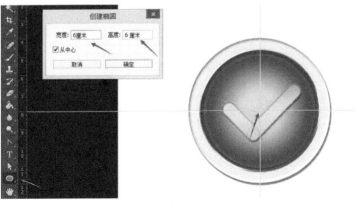

图3-25

26 选择图层【高光1】，单击鼠标右键，在弹出的菜单中选择【混合选项】，在弹出的【图层样式】对话框中将【填充不透明度】设置为0%，如图3-26所示。

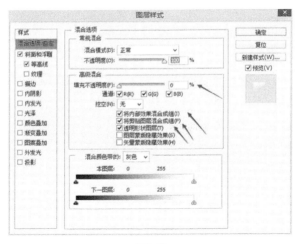

图3-26

27 勾选【斜面和浮雕】，勾选【等高线】，【样式】选择【内斜面】，【方法】选择【平滑】，将【深度】设置为80%，【大小】设置为250像素，【角度】设置为120度，【高度】设置为30度，【高光模式】选择【正常】，将【不透明度】设置为60%，【阴影模式】色值设置为ffffff，【不透明度】设置为77%，如图3-27所示。

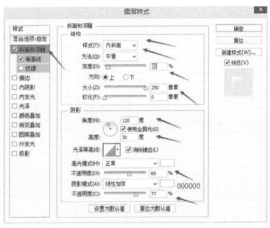

图3-27

28 在【等高线】面板中单击【等高线】窗口，在弹出的【等高线编辑器】对话框中，将曲线调成图3-28所示的形状。

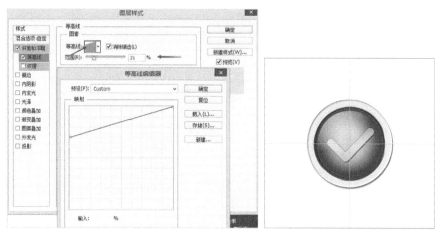

图 3-28

29 选择【椭圆工具】，在参考线的交点处单击，在弹出的【创建椭圆】对话框中设置【宽度】和【高度】为6.5厘米，勾选【从中心】，画出一个圆形，将图层命名为"高光2"，如图3-29所示。

30 选择图层【高光2】，单击鼠标右键，在弹出的菜单中选择【混合选项】，在弹出的【图层样式】对话框中将【不透明度】设置为60%，【填充不透明度】设置为0%，如图3-30所示。

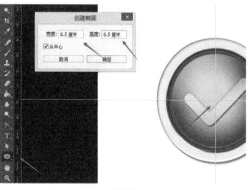

图 3-29

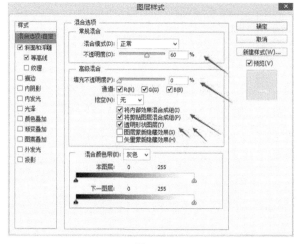

图 3-30

31 勾选【斜面和浮雕】，【样式】选择【内斜面】，【方法】选择【平滑】，将【深度】设置为75%，【大小】设置为28像素，【角度】设置为120度，【高度】设置为65度，【光泽等高线】选择【环形】，【高光模式】选择【滤色】，将【阴影模式】色值为ffffff，【不透明度】设置为75%，如图3-31所示。

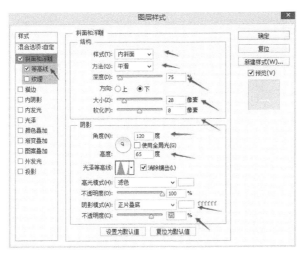

图3-31

32 勾选【等高线】，单击【等高线】窗口打开【等高线编辑器】对话框，将曲线调成图3-32所示的形状。

33 选择【矩形工具】，在参考线的交点处单击，在弹出的【创建矩形】对话框中将【宽度】设置为5.5厘米，【高度】设置为0.5厘米，取消勾选【从中心】，画出一个矩形，将图层命名为"底1"，如图3-33所示。

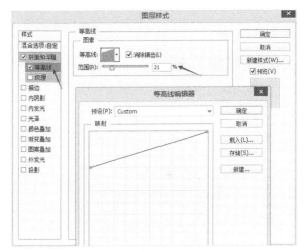

图3-32

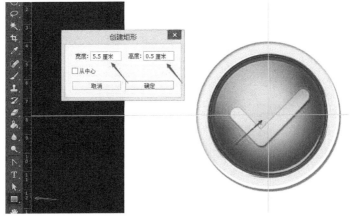

图3-33

34 选择图层【底1】，单击鼠标右键，在弹出的菜单中选择【混合选项】，在弹出的【图层样式】对话框中勾选【描边】，将【大小】设置为2像素，【位置】选择【外部】，【样式】选择【线性】，单击【渐变】旁的色条，在弹出的【渐变编辑器】对话框中单击颜色条添加色标，单击色标再单击下方【颜色】旁的色板，输入色值，单击【位置】数值，更改色标位置。将左边色标的【颜色】设置为164302，【位置】设置为0%；将右边色标的【颜色】设置为7bfb1b，【位置】设置为100%，如图3-34所示。

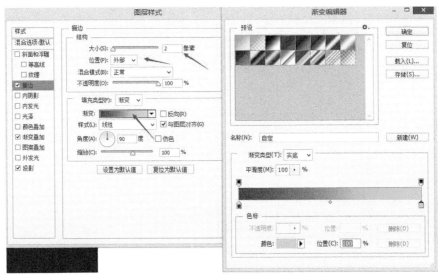

图 3-34

35 在弹出【图层样式】对话框中勾选【渐变叠加】，【样式】选择【线性】，将【角度】设置为90度，单击【渐变】的色条，在弹出的【渐变编辑器】对话框中选择左侧的色标，将其【颜色】色值设置为1c8a00，【位置】设置为0%，选择中间的色标，将其【颜色】色值设置为d1ff80，【位置】设置为70%，选择右侧的色标，将其【颜色】色值设置为b3ff74，【位置】设置为100%，如图3-35所示。

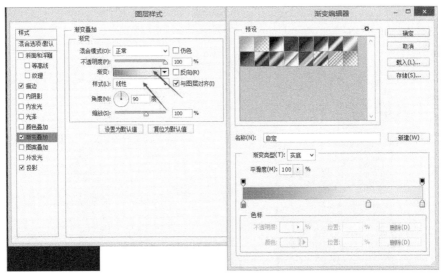

图 3-35

36 勾选【投影】，将【不透明度】设置为60%，如图3-36所示。

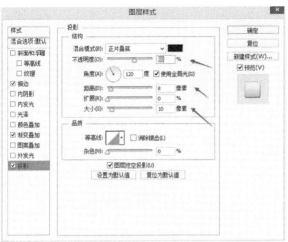

图3-36

37 选择【矩形工具】，在参考线的交点处单击，在弹出的【创建矩形】对话框中将【宽度】设置为2厘米，【高度】设置为0.65厘米，取消勾选【从中心】，画出一个矩形，将图层命名为"底2"，如图3-37所示。

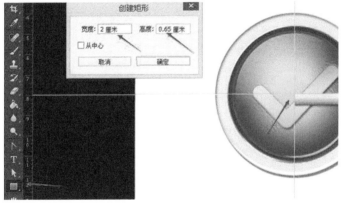

图3-37

38 选择图层【底2】，单击鼠标右键，在弹出的菜单中选择【混合选项】，在弹出的【图层样式】对话框中勾选【描边】，将【大小】设置为2像素，【位置】选择【外部】，【样式】选择【线性】，单击【渐变】旁的色条，在弹出的【渐变编辑器】对话框中单击颜色条添加色标，单击色标再单击下方【颜色】旁的色板，输入色值，单击【位置】数值，更改色标位置。将左边色标的【颜色】设置为45483e，【位置】设置为0%；将右边色标的【颜色】设置为e6ebec，【位置】设置为100%，如图3-38所示。

39 勾选【渐变叠加】，【样式】选择【线性】，将【角度】设置为90度，单击【渐变】的色条，在弹出的【渐变编辑器】对话框中设置从左至右的色标，将【颜色】色值分别设置为6d7969、e7ece0、f9ffec和f4f9e4，【位置】分别设置为0%、70%、83%和100%，如图3-39所示。

40 选择【矩形工具】，在参考线的交点处单击，在弹出的【创建矩形】对话框中将【宽度】设置为0.7厘米，【高度】设置为0.8厘米，取消勾选【从中心】，画出一个矩形，将图层命名为"底3"，如图3-40所示。

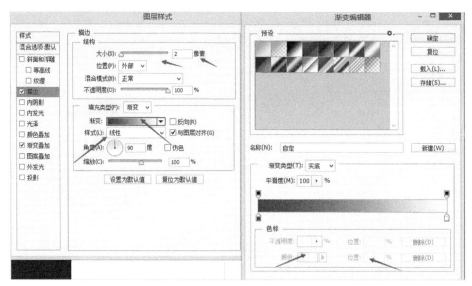

图 3-38

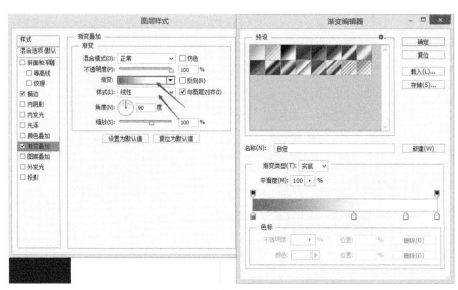

图 3-39

图 3-40

41 选择【添加锚点工具】，在图3-41中的3个位置添加锚点，选择【删除锚点工具】，在下面的两个锚点上分别点一下，删除这两个锚点，选择【转换点工具】，在新添加的3个锚点上分别点一下，如图3-41所示。

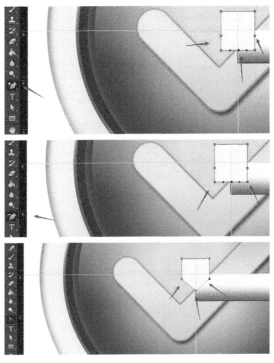

图 3-41

42 选择图层【底3】，单击鼠标右键，在弹出的菜单中选择【混合选项】，在弹出的【图层样式】对话框中勾选【渐变叠加】，【样式】选择【线性】，将【角度】设置为0度，单击【渐变】的色条，在弹出的【渐变编辑器】对话框中设置从左至右的色标，将【颜色】色值分别设置为a6a6a6、ffffff、d644d0、969395和a6a6a6，【位置】分别设置为0%、15%/、30%、60%和100%，如图3-42所示。

图 3-42

43 勾选【描边】，将【大小】设置为2像素，【位置】选择【外部】，【混合模式】选择【正常】，【填充类型】选择【颜色】，将【不透明度】设置为58%，【颜色】色值设置为a6a6a6，如图3-43所示。

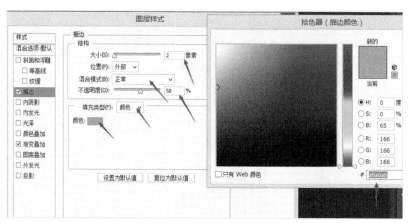

图3-43

44 在【图层】面板中调整图层顺序，如图3-44所示。

45 制作完成，效果图如3-45所示。

图3-44

图3-45

第4章　制作拟物风格图标

　　拟物风格图标更具立体感，设计师运用模仿的方法将现实物体的质地、纹理进行再现，给用户一种真实的感受。

　　本章通过PS制作拟物风格的图标，较为真实地设计了咖啡杯图标。在设计中通过"钢笔""画笔""椭圆"等工具绘制咖啡杯、马卡龙的造型，再利用填充颜色来展现图标的多样性色彩语言，在图层样式中灵活巧妙地运用渐变、高光、纹理和投影等视觉特征来模仿真实物体，再通过滤镜进行效果的补充，最终设计出一款细腻写实的拟物风格图标。

01 打开PS，执行【文件】-【新建】命令。在弹出的【新建】对话框中将【名称】设置为"咖啡"，将【宽度】和【高度】都设置为16厘米，【分辨率】设置为300，【颜色模式】设置为RGB，如图4-1所示。（本案例所介绍的步骤涉及的参数设置，正文中如未提及，则为默认。）

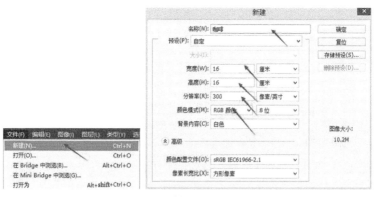

图4-1

02 选择【椭圆工具】，单击画板，在弹出的【创建椭圆】对话框中将【宽度】设置为13厘米，【高度】设置为7.5厘米，画出一个椭圆形，将图层命名为"盘子"，如图4-2所示。

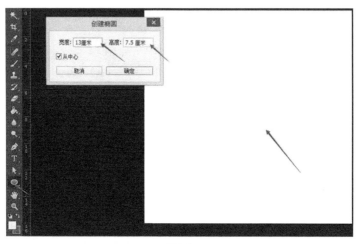

图4-2

03 选择图层【盘子】，单击鼠标右键，在弹出的菜单中选择【混合选项】，在弹出的【图层样式】对话框中选择【斜面和浮雕】，【样式】选择【内斜面】，【方法】选择【平滑】，将【深度】设置为100%，【大小】设置为22像素，【软化】设置为16像素，取消勾选【使用全局光】，将【角度】设置为120度，【高度】设置为25度，【光泽等高线】选择【环形—双】，将【高光模式】色值设置为4b4b4b，【阴影模式】色值设置为baa89c，如图4-3所示。

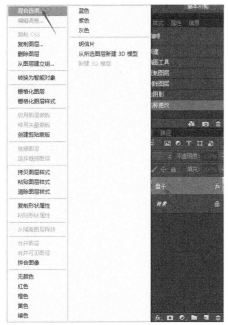
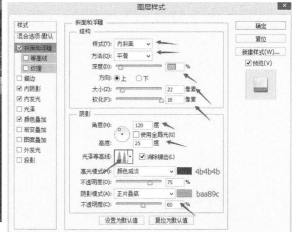

图4-3

04 勾选【内阴影】,【混合模式】选择【正片叠底】,将色板的色值设置为97867c,【不透明度】设置为75%,勾选【使用全局光】,将【角度】设置为-90度,【距离】设置为36像素,【阻塞】设置为58%,【大小】设置为40像素,【等高线】选择【高斯】,如图4-4所示。

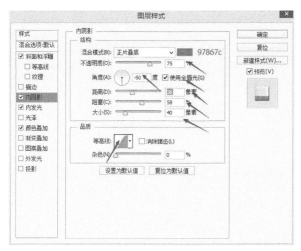

图4-4

05 勾选【内发光】,【混合模式】选择【正常】,单击颜色色板,在弹出的【拾色器】对话框中将色值设置为c3afa4,【不透明度】设置为25%,【阻塞】设置为74%,【大小】设置为120像素,如图4-5所示。

06 勾选【颜色叠加】,将【混合模式】色板的色值设置为f7ecdf,【不透明度】设置为100%,得到如图4-6所示的效果。

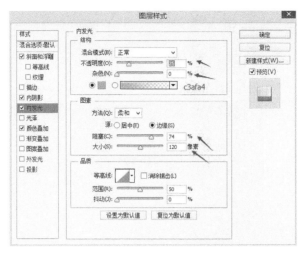

图 4-5

图 4-6

07 选择【椭圆工具】，单击画板，在弹出的【创建矩形】对话框中将【宽度】设置为7.8厘米，【高度】设置为5厘米，画出一个椭圆形，将图层命名为"盘子里"，如图4-7所示。

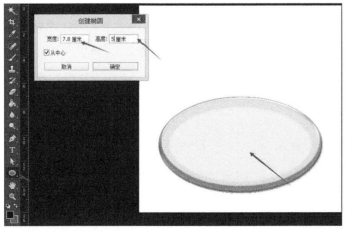

图 4-7

08 选择图层【盘子里】，单击鼠标右键，在弹出的菜单中选择【混合选项】，在弹出的【图层样式】对话框中勾选【渐变叠加】，将【不透明度】设置为78%，【样式】选择【径向】，将【角度】设置为−90度，单击【渐变】的色条，在弹出的【渐变编辑器】中设置从左至右的色标，将【颜色】色值分别设置为39251c、5f3017、9b653f和15f3017，【位置】分别设置为2%、40%、63%和100%，如图4-8所示。

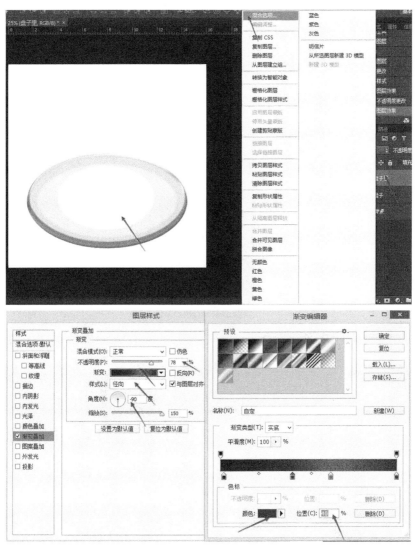

图4-8

09 选择图层【盘子里】，单击鼠标右键，在弹出的菜单中选择【转换为智能对象】，执行【滤镜】-【模糊】-【高斯模糊】命令，在弹出的【高斯模糊】对话框中将【半径】设置为18像素，如图4-9所示。

10 选择图层【盘子里】，在【图层】面板上将其【不透明度】设置为36%，如图4-10所示。

11 选择【钢笔工具】勾出图中轮廓。单击工具箱中的【设置前景色】，在弹出的【拾色器】对话框中输入色值ffffff。单击【图层】面板上的【创建新图层】按钮，将新图层命名为"杯底"，选择【钢笔工具】，在图上单击鼠标右键，在弹出的菜单中选择【填充路径】，在弹出的【填充路径】对话框中将【内容】选择为【前景色】，如图4-11所示。

图 4-9

图 4-10

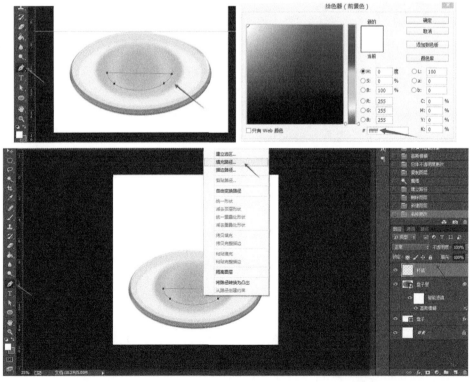

图 4-11

12 选择图层【杯底】，单击鼠标右键，在弹出的菜单中选择【混合选项】，在弹出的【图层样式】对话框中勾选【光泽】，将【混合模式】色值设置为8a8a8a，【不透明度】设置为50%，【角度】设置为19度，【距离】设置为11像素，【大小】设置为14像素，【等高线】选择【高斯】，如图4-12所示。

13 勾选【渐变叠加】，【样式】选择【线性】，将【角度】设置为0度，单击【渐变】的色条，在弹出的【渐变编辑器】对话框中设置从左至右的色标，将【颜色】色值分别设置为bdb0a1、dcc6b4、e3d3c2、d0b89d、edd5c1、c3a58d和af8e6a，【位置】分别设置为0%、10%、27%、43%、64%、86%和100%，如图4-13所示。

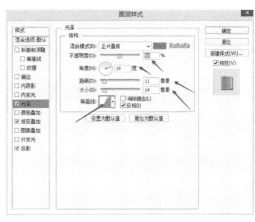

图4-12

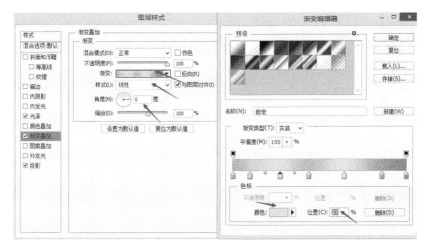

图4-13

14 勾选【投影】，【混合模式】选择【正片叠底】，将【不透明度】设置为46%，【角度】设置为120度，【距离】设置为16像素，【扩展】设置为6%，【大小】设置为8像素，如图4-14所示。

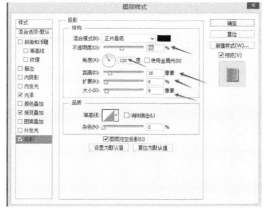

图4-14

15 选择【钢笔工具】勾出图中轮廓。单击【图层】面板上的【创建新图层】按钮，将新图层命名为"杯把里"，选择【钢笔工具】，在图上单击鼠标右键，在弹出的菜单中选择【填充路径】，在弹出的【填充路径】对话框中将【内容】选择为【白色】，如图4-15所示。

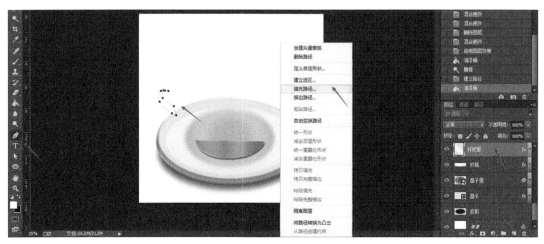

图4-15

16 选择图层【杯把里】，单击鼠标右键，在弹出的菜单中选择【混合选项】，在弹出的【图层样式】对话框中勾选【渐变叠加】，【样式】选择【线性】，将【角度】设置为90度，单击【渐变】的色条，在弹出的【渐变编辑器】对话框中设置从左至右的色标，将【颜色】色值分别设置为d1bb9d、dfd0bd、c3b09e和8c7963，【位置】分别设置为0%、37%、72%和100%，如图4-16所示。

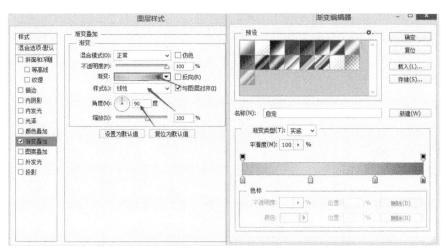

图4-16

17 选择【钢笔工具】勾出图中轮廓。单击【图层面板】上的【创建新图层】按钮，将图层命名为"杯把上"，选择【钢笔工具】，在图上单击鼠标右键，在弹出的菜单中选择【填充路径】，在弹出的【填充路径】对话框中将【内容】选择为【白色】，如图4-17所示。

18 选择图层【杯把上】，单击鼠标右键，在弹出的菜单中选择【混合选项】，在弹出的【图层样式】对话框中勾选【渐变叠加】，【样式】选择【线性】，将【角度】设置为45度，单击【渐变】的色条，在弹出的【渐变编辑器】对话框中设置从左至右的色标，将【颜色】色值分别设置为dcd1c1、cfc3b7、c4bcab和dcd1c1，【位置】分别设置为12%、32%、45%和76%，如图4-18所示。

图4-17

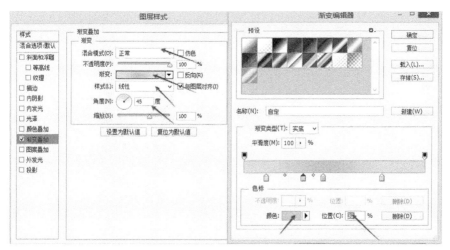

图4-18

19 选择【钢笔工具】勾出图中轮廓。单击【图层】面板上的【创建新图层】按钮，将图层命名为"杯把侧"，选择【钢笔工具】，在图上单击鼠标右键，在弹出的【填充内容】对话框中将【内容】选择为【前景色】，如图4-19所示。

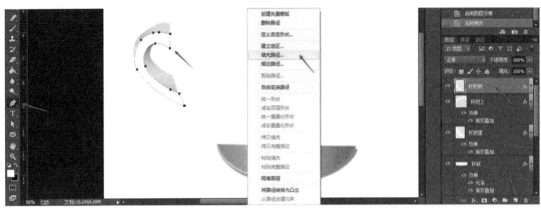

图4-19

20 选择图层【杯把侧】，单击鼠标右键，在弹出的菜单中选择【混合选项】，在弹出的【图层样式】对话框中选择【斜面和浮雕】，勾选【等高线】，【样式】选择【内斜面】，【方法】选择【平滑】，将【深度】设置为22%，【大小】设置为29像素，【软化】设置为0像素，取消勾选【使用全局光】，将【角度】设置为132度，【高度】设置为27度，【光泽等高线】选择【画圆步骤】，将【高光模式】的色值设置为c7beaf，【阴影模式】的色值设置为bdbdbd，【不透明度】设置为60%，如图4-20所示。

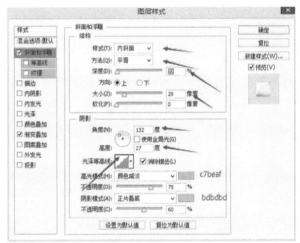

图4-20

21 勾选【渐变叠加】，【样式】选择【线性】，勾选【与图层对齐】，将【角度】设置为80度，单击【渐变】的色条，在弹出的【渐变编辑器】对话框中设置从左至右的色标，将【颜色】色值分别设置为6a6054、8f8271、e8dbcd、efe5d2、cec5b6和ad9d90，【位置】分别设置为0%、15%、43%、62%、77%和100%，如图4-21所示。

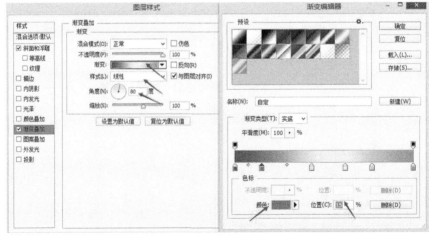

图4-21

22 选择【钢笔工具】勾出图中轮廓。单击【图层】面板上的【创建新图层】按钮，将图层命名为"杯身"，选择【钢笔工具】，在图上单击鼠标右键，在弹出的菜单中选择【填充路径】，如图4-22所示，在弹出的【填充内容】对话框中将【内容】选择为【前景色】。

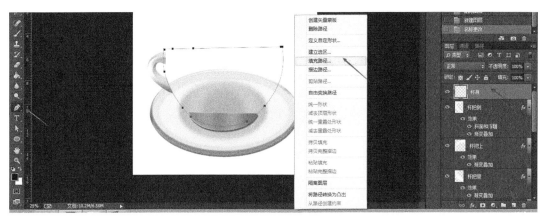

图4-22

23 选择图层【杯身】，单击鼠标右键，在弹出的菜单中选择【混合选项】，在弹出的【图层样式】对话框中勾选【渐变叠加】，【样式】选择【线性】，将【角度】设置为0度，单击【渐变】的色条，在弹出的【渐变编辑器】中设置从左至右的色标，将【颜色】色值分别设置为dbcebc、dccebf、c6b8a7、c9bbaa、e0d2c0、f3e5d6和f5e1ca，【位置】分别设置为0%、10%、27%、43%、74%、86%和100%，如图4-23所示。

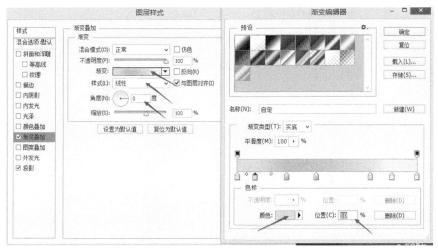

图4-23

24 勾选【投影】，【混合模式】选择【正片叠底】，颜色色值设置为1b1b1b，【不透明度】设置为19%，【角度】设置为−90度，【距离】设置为10像素，【扩展】设置为6%，【大小】设置为5像素，得到如图4-24所示效果。

25 选择【椭圆工具】，单击画板，在弹出的【创建椭圆】对话框中将【宽度】设置为10.35厘米，【高度】设置为5.1厘米，画出一个椭圆形，将图层命名为"杯沿"，如图4-25所示。

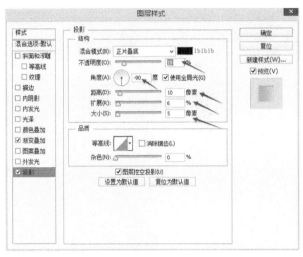

图 4-24

图 4-25

26 选择图层【杯沿】，单击鼠标右键，在弹出的菜单中选择【混合选项】，在弹出的【图层样式】对话框中选择【斜面和浮雕】，【样式】选择【外斜面】，【方法】选择【雕刻清晰】，将【深度】设置为32%，【大小】设置为18像素，【软化】设置为0像素，取消勾选【使用全局光】，将【角度】设置为120度，【高度】设置为40度，【光泽等高线】选择【高斯】，将【高光模式】色值设置为322b22，【阴影模式】色值设置为e8d9c9，如图4-26所示。

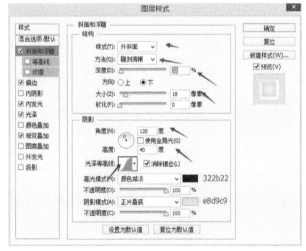

图 4-26

27 勾选【描边】，将【大小】设置为8像素，【位置】选择【内部】，将【不透明度】设置为100%，【颜色】色值设置为e7d9cb，如图4-27所示。

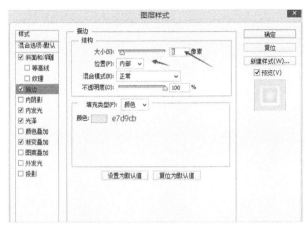

图 4-27

28 勾选【内发光】，【混合模式】选择【滤色】，单击颜色色板，在弹出的【拾色器】对话框中将色值设置为ffffbe，【源】选择【居中】，将【阻塞】设置为0%，【大小】设置为250像素，如图4-28所示。

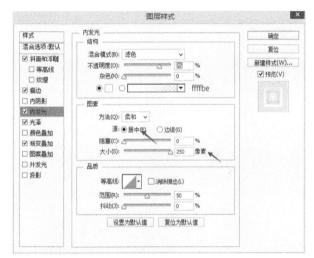

图 4-28

29 勾选【光泽】，将【混合模式】的色值设置为eeddcb，【不透明度】设置为50%，【角度】设置为−27度，【距离】设置为1像素，【大小】设置为43像素，【等高线】选择【半圆】，如图4-29所示。

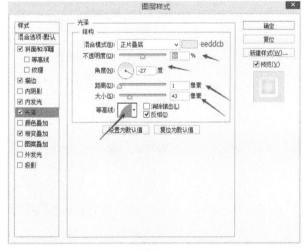

图 4-29

30 勾选【渐变叠加】，【样式】选择【线性】，将【角度】设置为90度，单击【渐变】的色条，在弹出的【渐变编辑器】对话框中设置从左至右的色标，将【颜色】色值分别设置为e1d3c6和eaddca，【位置】分别设置为0%和100%，如图4-30所示。

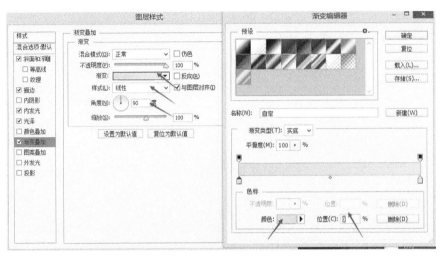

图4-30

31 选择【椭圆工具】，单击画板，在弹出的【创建椭圆】对话框中将【宽度】设置为8.9厘米，【高度】设置为4厘米，画出一个椭圆形，将图层命名为"杯子内"。单击属性栏中的【填充】按钮，在弹出的【拾色器】对话框中输入色值cca47e，得到图4-31所示的效果。

图4-31

图4-31（续）

32 选择【椭圆工具】，单击画板，在弹出的【创建椭圆】对话框中将【宽度】设置为8.3厘米，【高度】设置为3.4厘米，画出一个椭圆形，将图层命名为"咖啡"。单击属性栏中的【填充】按钮，在弹出的【拾色器】对话框中输入色值713c0f，得到图4-32所示的效果。

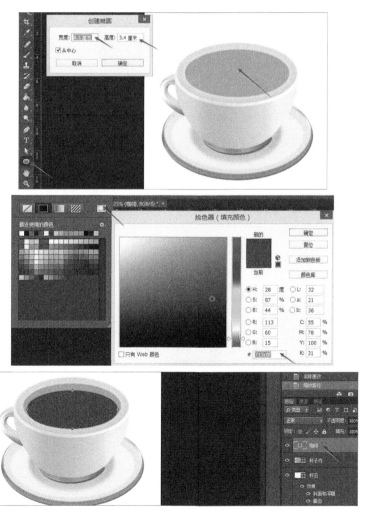

图4-32

33 选择图层【咖啡】，单击鼠标右键，在弹出的菜单中选择【复制图层】，在弹出的【复制图层】对话框中将复制出来的图层命名为"咖啡1"，如图4-33所示。

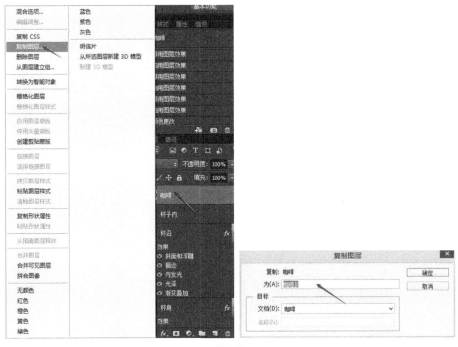

图4-33

34 选择图层【咖啡1】，单击鼠标右键，在弹出的菜单中选择【混合选项】，在弹出的【图层样式】对话框中将【填充不透明度】调整为0%，勾选【将剪贴图层混合成组】和【透明形状图层】，如图4-34所示。

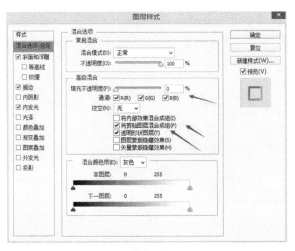

图4-34

35 选择图层【咖啡1】，单击鼠标右键，在弹出的菜单中选择【混合选项】，在弹出的【图层样式】对话框中勾选【斜面和浮雕】，勾选【等高线】，【样式】选择【内斜面】，【方法】选择【平滑】，将【深度】设置为613%，【大小】设置为35像素，【软化】设置为16像素，取消勾选【使用全局光】，将【角度】设置为180度，【高度】设置为50度，【光泽等高线】选择【滚动斜坡－递减】，【高光模式】选择【柔光】，【阴影模式】选择【颜色加深】，将【不透明度】设置为3%，如图4-35所示。

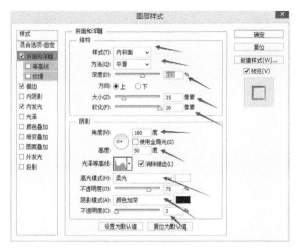

图4-35

36 勾选【描边】，将【大小】设置为15像素，【位置】选择【内部】，将【不透明度】设置为81%，【填充类型】选择【渐变】，将【角度】设置为-83度，单击【渐变】旁的色条，在弹出的【渐变编辑器】中单击颜色色条添加色标，单击色标后再单击下方【颜色】旁的色板，输入色值，单击【位置】数值，更改色标位置。将左边色标【颜色】设置为63320c，【位置】设置为0%，将右边色标【颜色】设置为c38e39，【位置】设置为100%。单击右边上方的色标，将其【不透明度】设置为0%，单击左边上方的色标，将其【不透明度】设置为80%，如图4-36所示。

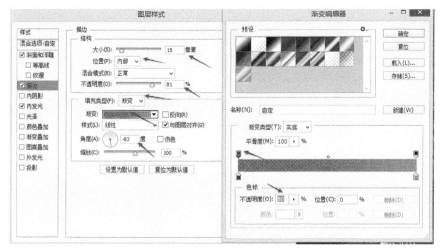

图4-36

37 勾选【内发光】，【混合模式】选择【滤色】，单击颜色色板，在弹出的【拾色器】对话框中将色值设置为a07039。【源】选择【居中】，将【阻塞】设置为29%。【大小】设置为250像素，如图4-37所示。

38 选择图层【咖啡】，单击鼠标右键，在弹出的菜单中选择【复制图层】，在弹出的【复制图层】对话框中将复制的图层命名为"咖啡2"。选择图层【咖啡2】，单击鼠标右键，在弹出的菜单中选择【混合选项】，在弹出的【图层样式】对话框中将【填充不透明度】调整为0%，如图4-38所示。

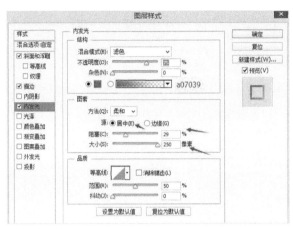

图4-37

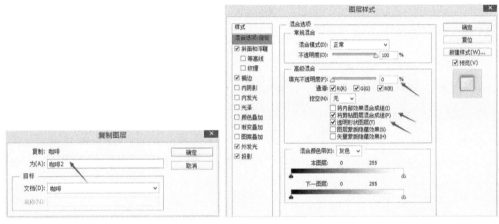

图4-38

39 勾选【斜面和浮雕】,【样式】选择【内斜面】,【方法】选择【平滑】,将【深度】设置为613%,【大小】设置为43像素,【软化】设置为8像素,取消勾选【使用全局光】,将【角度】设置为120度,【高度】设置为25度,【光泽等高线】选择【半圆】,【高光模式】选择【柔光】,【阴影模式】选择【颜色加深】,将【不透明度】设置为3%,如图4-39所示。

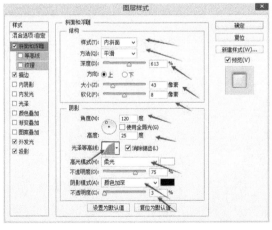

图4-39

40 勾选【描边】，将【大小】设置为3像素，【位置】选择【内部】，【不透明度】设置为100%，【填充类型】选择【渐变】，将【角度】设置为0度，单击【渐变】旁的色条，在弹出的【渐变编辑器】中单击颜色条添加色标，单击色标再单击下方【颜色】旁的色板，输入色值，单击【位置】数值，更改色标位置。将左边色标【颜色】设置为783400，【位置】设置为0%，【不透明度】设置为100%，将右边色标【颜色】设置为ff9c00，【位置】设置为100%。单击右边上方的色标，将其【不透明度】设置为0%，如图4-40所示。

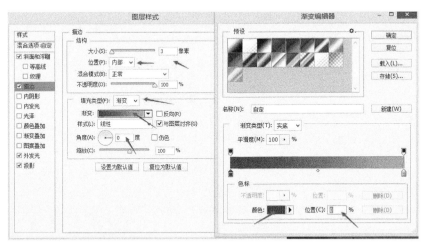

图4-40

41 勾选【外发光】，【混合模式】选择【滤色】，将【不透明度】设置为35%，【杂色】设置为15%，颜色色值设置为cd6804，【扩展】设置为0%，【大小】设置为38像素，如图4-41所示。

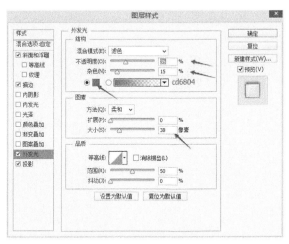

图4-41

42 勾选【投影】，【混合模式】选择【正片叠底】，将颜色色值设置为863c01，【不透明度】设置为75%，【角度】设置为-90度，【距离】设置为13像素，【扩展】设置为0%，【大小】设置为27像素，如图4-42所示。

43 放大图像，选择【钢笔工具】勾出图中轮廓。选择【画笔工具】，将画笔设置为【粉笔17像素】，【大小】设置为42像素，单击【图层】面板的【创建新图层】按钮，将新图层命名为"旋转"，并将其置于所有图层的上方。选择【钢笔工具】，在图上单击鼠标右键，在弹出的菜单中选择【描边路径】，用【选择工具】移动位置后，删除绘制完成的路径，如图4-43所示。

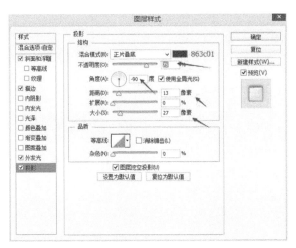

图4-42

图4-43

44 选择【椭圆选框工具】，在属性栏中将【羽化】设置为30像素，在图上画出椭圆；单击工具箱中的【设置前景色】，在弹出的【拾色器】对话框中输入色值1b1b1b；单击【图层】面板的【创建新图层】按钮，将新图层命名为"投影"；选择【油漆桶工具】填充所选区域，将图层【投影】放置到【背景】图层的上一层，调整到图中位置，如图4-44所示。

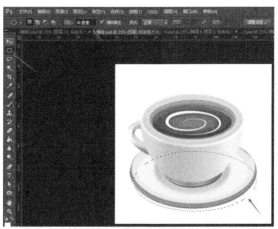

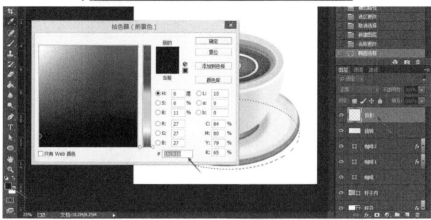

图 4-44

45 执行【滤镜】-【模糊】-【高斯模糊】命令，在弹出的【高斯模糊】对话框中将【半径】设置为20像素，将【投影】图层的【不透明度】设置为80%，如图4-45所示。

46 选择【椭圆工具】，单击画板，在弹出的【创建椭圆】对话框中将【宽度】设置为42厘米，【高度】设置为3厘米，画出一个椭圆形，将图层命名为"马卡龙1"，如图4-46所示。

47 选择图层【马卡龙1】，按Ctrl+T快捷键选中，单击鼠标右键，在弹出的菜单中选择【斜切】，将椭圆调整为图中的透视关系，如图4-47所示。

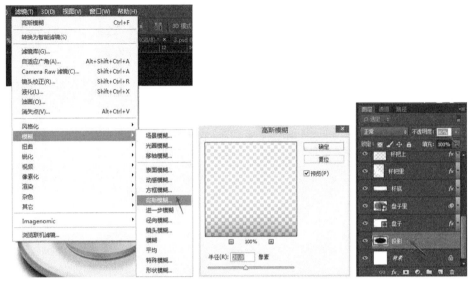

图 4—45

图 4—46

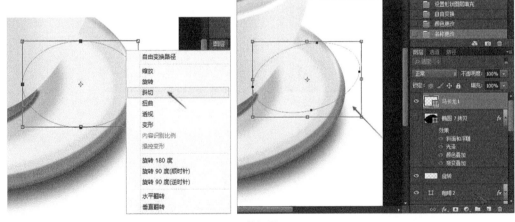

图 4—47

48 选择图层【马卡龙1】，单击鼠标右键，在弹出的菜单中选择【混合选项】，在弹出的【图层样式】对话框中选择【斜面和浮雕】，勾选【等高线】和【纹理】，【样式】选择【内斜面】，【方法】选择【平滑】，将【深度】设置为1%，【大小】设置为38像素，【软化】设置为0像素，取消勾选【使用全局光】，【角度】设置为-30度，【高度】设置为25度，【光泽等高线】选择【高斯】，【高光模式】选择【颜色减淡】，将色值设置为e08957，【阴影模式】色值为d5a186，【不透明度】设置为60%，如图4-48所示。

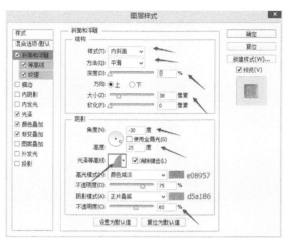

图4-48

49 单击【等高线】，再单击【等高线】下拉菜单，在弹出的【等高线编辑器】中将曲线调整为图4-49所示的模式；单击【纹理】，【图案】选择【长绒毯】，将【缩放】设置为49，【深度】设置为+50%，如图4-49所示。

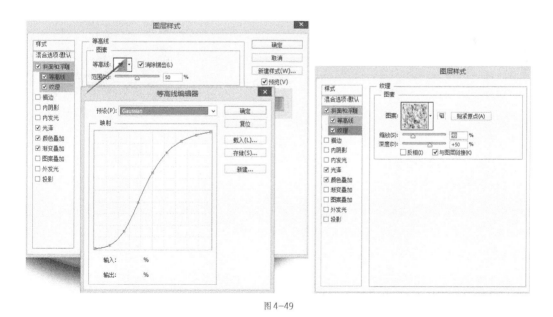

图4-49

50 勾选【光泽】，将【混合模式】的色值设置为f6ae6e，【不透明度】设置为50%，【角度】设置为19度，【距离】设置为60像素，【大小】设置为158像素，【等高线】选择【半圆】，如图4-50所示。

51 勾选【颜色叠加】，将【混合模式】的色值设置为ef9f64，【不透明度】设置为100%，如图4-51所示。

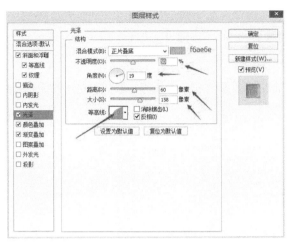

图4-50

52 选择图层【马卡龙1】，单击鼠标右键，在弹出的菜单中选择【复制图层】，将复制出的图层命名为 "马卡龙2"，将其【效果】拖曳到【图层】面板下方的垃圾桶删除，如图4-52所示。

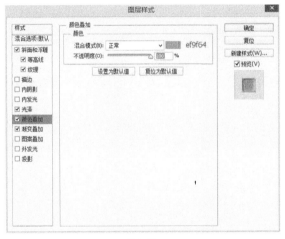

图4-51

图4-52

53 选择图层【马卡龙2】，单击鼠标右键，在弹出的菜单中选择【混合选项】，在弹出的【图层样式】对话框中选择【斜面和浮雕】，勾选【等高线】，【样式】选择【内斜面】，【方法】选择【雕刻清晰】，将【深度】设置为1%，【大小】设置为49像素，【软化】设置为0像素，取消勾选【使用全局光】，将【角度】设置为120度，【高度】设置为25度，【光泽等高线】选择【高斯】，【高光模式】选择【颜色减淡】，将色值设置为c851le，将【阴影模式】的色值设置为d5a186，【不透明度】设置为60%，如图4-53所示。

54 勾选【纹理】，【图案】选择【长绒毯】，将【缩放】设置为40，【深度】设置为+35%，如图4-54所示。

55 勾选【内阴影】，将【混合模式】的色值设置为943f1d，【不透明度】设置为75%，勾选【使用全局光】，将【角度】设置为-90度，【距离】设置为20像素，【阻塞】设置为0%，【大小】设置为5像素，如图4-55所示。

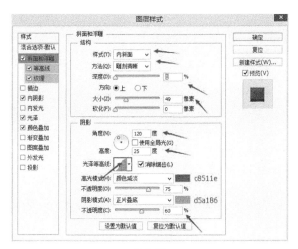

图 4-53

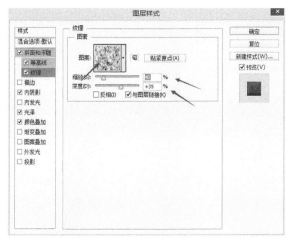

图 4-54

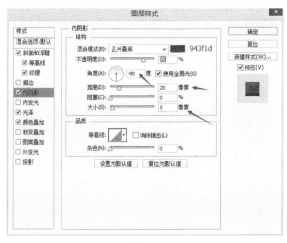

图 4-55

56 勾选【光泽】，将【混合模式】色值设置为f9b16f，【不透明度】设置为50%，【角度】设置为19度，【距离】设置为60像素，【大小】设置为185像素，【等高线】选择【高斯】，如图4-56所示。

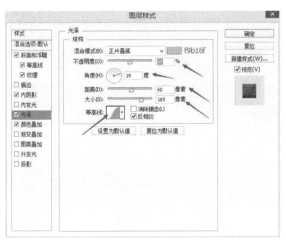

图 4-56

57 勾选【颜色叠加】，将【混合模式】的色值设置为a7542b，【不透明度】设置为100%。选择图层【马卡龙2】，选择【移动工具】，将图形向下移动到图4-57所示的位置。

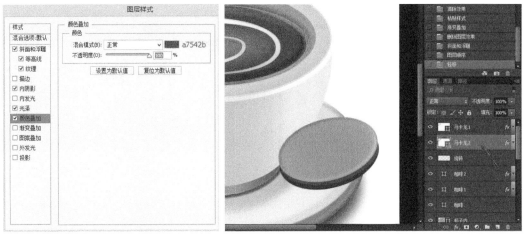

图 4-57

58 选择图层【马卡龙1】，单击鼠标右键，在弹出的菜单中选择【复制图层】，将复制出的图层命名为"马卡龙3"，将【效果】拖曳到【图层】面板下方的垃圾桶删除。选择图层【马卡龙3】，单击鼠标右键，在弹出的菜单中选择【混合选项】，在弹出的【图层样式】对话框中选择【斜面和浮雕】，勾选【等高线】，【样式】选择【内斜面】，【方法】选择【平滑】，将【深度】设置为1%，【大小】设置为38像素，【软化】设置为0像素，取消勾选【使用全局光】，将【角度】设置为-30度，【高度】设置为25度，【光泽等高线】选择【高斯】，【高光模式】选择【颜色减淡】，将色值设置为e08957，【阴影模式】色值设置为d5a186，【不透明度】设置为60%，如图4-58所示。

59 勾选【纹理】，【图案】选择【长绒毯】，将【缩放】设置为40，【深度】设置为+45%，如图4-59所示。

60 勾选【内阴影】，将【混合模式】色值设置为693a21，【不透明度】设置为75%，勾选【使用全局光】，将【角度】设置为-90度，【距离】设置为11像素，【阻塞】设置为6%，【大小】设置为22像素，如图4-60所示。

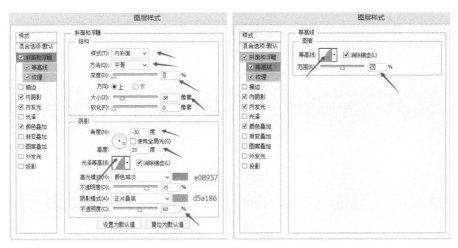

图 4-58

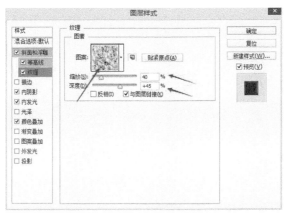

图 4-59

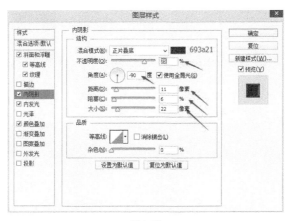

图 4-60

61 勾选【内发光】，【混合模式】选择【滤色】，单击颜色色板，在弹出的【拾色器】对话框中将色值设置为7c4a27，将【阻塞】设置为100%，【大小】设置为15像素，如图4-61所示。

62 勾选【颜色叠加】，将【混合模式】色值设置为582e12，【不透明度】设置为100%。选择图层【马卡龙3】，选择【移动工具】，将图形向下移动到图4-62所示的位置。

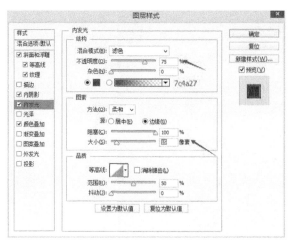

图 4-61

图 4-62

63 选择图层【马卡龙1】，单击鼠标右键，在弹出的菜单中选择【复制图层】，将复制出的图层命名为"马卡龙4"，将其【效果】拖曳到【图层】面板下方的垃圾桶删除。选择图层【马卡龙4】，单击鼠标右键，在弹出的菜单中选择【混合选项】，在弹出的【图层样式】对话框中勾选【斜面和浮雕】，勾选【等高线】，【样式】选择【内斜面】，【方法】选择【平滑】，将【深度】设置为694%，【大小】设置为43像素，【软化】设置为16像素，取消勾选【使用全局光】，将【角度】设置为-30度，【高度】设置为25度，【高光模式】选择【颜色减淡】，将色值设置为e08957，将【阴影模式】色值设置为67280d，【不透明度】设置为60%，如图4-63所示。

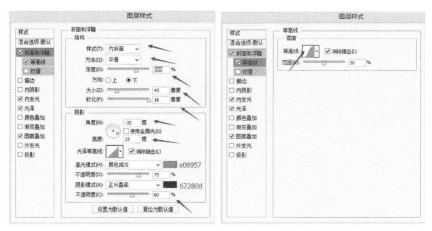

图 4-63

64 勾选【内发光】,【混合模式】选择【滤色】,将【不透明度】设置为75%,单击颜色色板,在弹出的
【拾色器】对话框中将色值设置为d97c4e,【源】选择【边缘】,将【阻塞】设置为49%,【大小】设置为
202像素,【等高线】选择【高斯】,如图4-64所示。

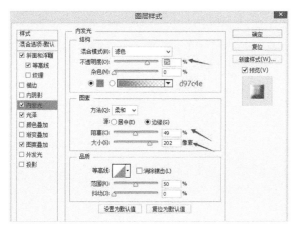

图 4-64

65 勾选【光泽】,将【混合模式】的色值设置为833819,【不透明度】设置为50%,【角度】设置为19度,
【距离】设置为60像素,【大小】设置为158像素,【等高线】选择【高斯】,如图4-65所示。

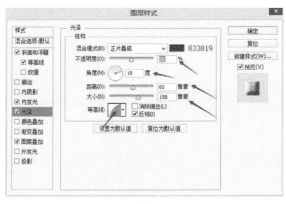

图 4-65

66 勾选【图案叠加】，将【不透明度】设置为100%，【图案】选择【石头】，将【缩放】设置为100%，如图4-66所示。

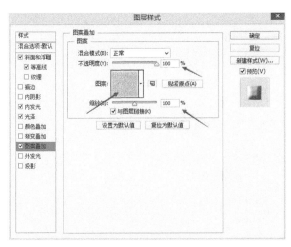

图4-66

67 选择图层【马卡龙1】，单击鼠标右键，在弹出的菜单中选择【复制图层】，将复制出的图层命名为"马卡龙5"，将其【效果】拖曳到【图层】面板下方的垃圾桶删除。选择图层【底3】，单击鼠标右键，在弹出的菜单中选择【混合选项】，在弹出的【图层样式】对话框中勾选【斜面和浮雕】，勾选【等高线】，【样式】选择【内斜面】，【方法】选择【平滑】，将【深度】设置为1%，【大小】设置为0像素，【软化】设置为3像素，取消勾选【使用全局光】，将【角度】设置为120度，【高度】设置为25度，【光泽等高线】选择【高斯】，【高光模式】选择【颜色减淡】，将色值设置为7e3813，将【阴影模式】色值设置为d5a186，【不透明度】设置为60%，如图4-67所示。

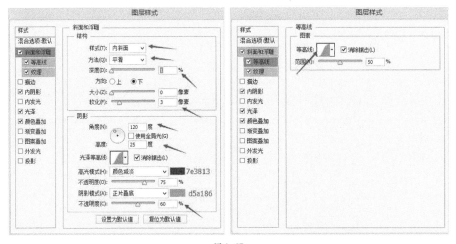

图4-67

68 勾选【纹理】，【图案】选择【长绒毯】，将【缩放】设置为40，【深度】设置为+70%，如图4-68所示。

69 勾选【内阴影】，将【混合模式】的色值设置为943f1d，【不透明度】设置为75%，勾选【使用全局光】，将【角度】设置为-90度，【距离】设置为95像素，【阻塞】设置为57%，【大小】设置为0像素，如图4-69所示。

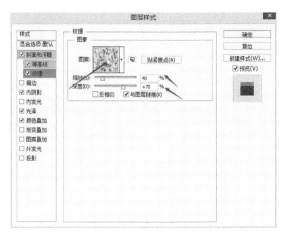

图 4-68

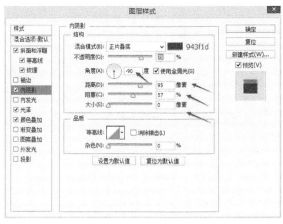

图 4-69

70 勾选【光泽】，将【混合模式】的色值设置为f9b16f，【不透明度】设置为50%，【角度】设置为19度，【距离】设置为60像素，【大小】设置为185像素，【等高线】选择【高斯】，如图4-70所示。

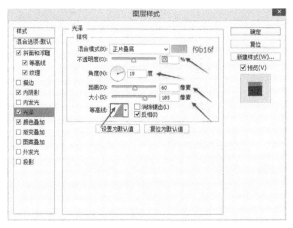

图 4-70

71 勾选【颜色叠加】，将【混合模式】的色值设置为c3921c，【不透明度】设置为100%，如图4-71所示。

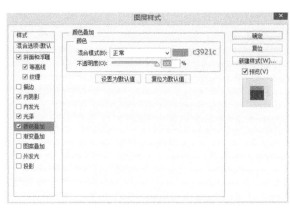

图 4-71

72 勾选【投影】,【混合模式】选择【正片叠底】,将颜色色值设置为lblblb,【不透明度】设置为50%,【角度】设置为70度,【距离】设置为12像素,【扩展】设置为10%,【大小】设置为20像素。选择图层【马卡龙5】,选择【移动工具】,将图形向下移动到图4-72所示位置。

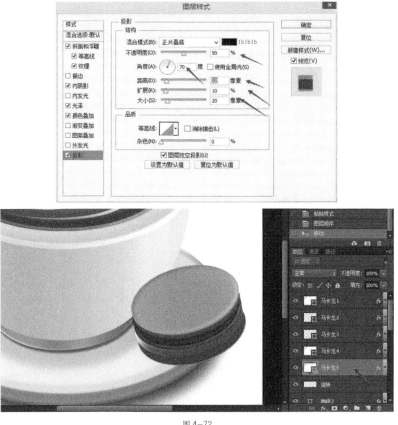

图 4-72

73 选择【椭圆选框工具】,在属性栏中将【羽化】设置为30像素,在图上画出椭圆选区,单击工具箱中的【设置前景色】,在弹出的【拾色器】对话框中输入色值lblblb,单击【图层】面板的【创建新图层】按钮,将新图层命名为"马卡龙阴影",选择【油漆桶工具】填充选区,将图层的【不透明度】设置为75%。调整图层顺序,将【马卡龙阴影】图层放置到【马卡龙5】图层的下一层,如图4-73所示。

图4-73

74 选择【画笔工具】，选择【硬边圆】，将【硬度】设置为0%，选择【对不透明度使用压力】，将【不透明度】和【流量】调整为较小的数值。新建图层，将其命名为"咖啡沫"，如图4-74所示。

图4-74

75 单击工具箱中的【设置前景色】，在弹出的【拾色器】对话框中输入色值d8a66b。选择【画笔工具】，在图层【咖啡沫】上单击，调整画笔的【大小】、【不透明度】和【流量】，得到如图4-75所示的效果。

图4-75

76 单击工具箱中的【设置前景色】，输入色值f2bf82。选择【画笔工具】，在图层【咖啡沫】上单击，调整画笔的【大小】、【不透明度】和【流量】，得到图4-76所示的效果。

图4-76

77 选择【画笔工具】，【模式】选择【清除】，将画笔【大小】调为较小的数值，在浅咖啡色的区域单击，制造出气泡效果，如图4-77所示。

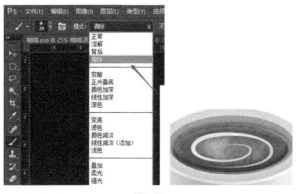

图4-77

78 用画笔对图层【咖啡沫】加以调整，将图层【不透明度】调整为78%，如图4-78所示。

图4-78

79 制作完成，效果如图4-79所示。

图4-79

第5章　制作水晶质感微信图标

　　图标的视觉效果不但要美观出彩而且要有特色，细腻的表现必不可少。在体现时尚风格的图标设计中，水晶质感图标的应用非常广泛，合理的使用水晶质感表现会使图标更有魅力，更吸引用户。

　　本章的设计案例是运用PS打造一枚水晶质感的微信图标，水晶质感的色彩要体现出晶莹剔透的效果，同时展现出现代的简约风格。运用"钢笔""矩形"工具绘制图标的造型，同时利用渐变填充来进行色彩设计。在展现水晶效果的部分，通过图层样式中的斜面和浮雕、渐变叠加、内发光、投影等来完成，为了凸显晶体效果，要合理地运用滤镜中球面化扭曲效果来设计。

01 打开PS，执行【文件】-【新建】命令。在弹出的【新建】对话框中将【名称】设置为"微信"，【宽度】和【高度】都设置为20厘米，【分辨率】设置为300像素/英寸，【颜色模式】设置为RGB颜色8位，如图5-1所示。（本案例所介绍的步骤涉及的参数设置，正文中如未提及，则为默认。）

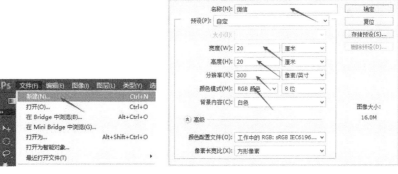

图 5-1

02 单击工具箱中的【设置前景色】，在弹出的【拾色器】对话框中输入色值0d5c01。选择【油漆桶工具】，选择图层【背景】，单击画板上的任意位置，将背景变成绿色的背景，如图5-2所示。

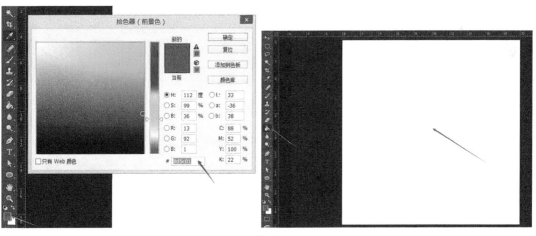

图 5-2

03 单击工具箱中的【设置前景色】，在弹出的【拾色器】对话框中输入色值ffffff。新建图层，将图层命名为"绿"，选择【钢笔工具】，绘制图5-3所示的形状，然后在图上单击鼠标右键，在弹出的菜单中选择【填充路径】，【使用】选择【前景色】。

04 选择图层【绿】，单击鼠标右键，在弹出的菜单中选择【复制图层】，将复制出来的图层命名为"白"，如图5-4所示。

05 选择新复制出的图层，按Ctrl+T快捷键进入自由变换，单击鼠标右键，在弹出的菜单中选择【水平翻

转 】，按住Shift键将图形等比例缩小，并将其移动到图5-5所示的位置。

图 5-3

图 5-4

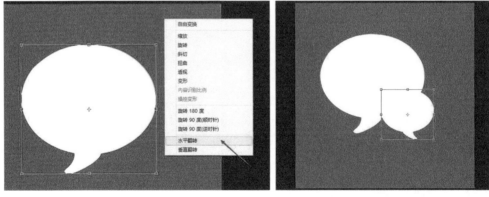

图 5-5

06 关闭图层【灰】的【图层可见性】按钮，选择【魔棒工具】选中大图标的轮廓，如图5-6所示。

图 5-6

07 单击工具箱中的【设置前景色】，在弹出的【拾色器】对话框中输入色值61ec06，单击工具箱中的
【设置背景色】，在弹出的【拾色器】对话框中输入色值3a8409，如图5-7所示。

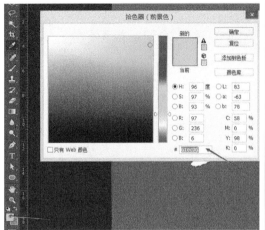 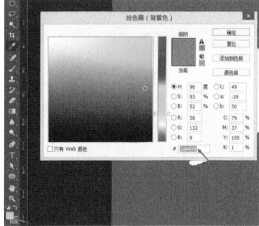

图5-7

08 选择【渐变工具】，选择【径向渐变】，在
选区内从中心向外拉渐变，得到图5-8所示的
效果。

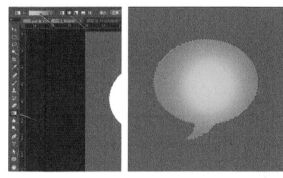

图5-8

09 单击工具箱中的【设置前景色】，在弹出的【拾色器】对话框中输入色值ffffff，单击工具箱中的【设
置背景色】，在弹出的【拾色器】对话框中输入色值a7a7a7，如图5-9所示。

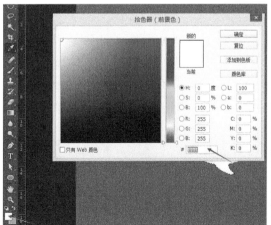 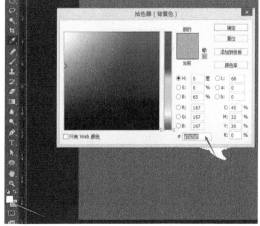

图5-9

10 选择图层【白】，使用【魔棒工具】选中图形的轮廓，选择【渐变工具】，选择【径向渐变】，在选区内从中心向外拉渐变。调整图层的【不透明度】为88%，得到图5-10所示的效果。

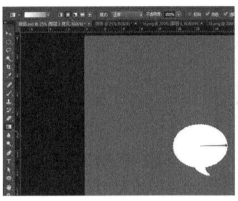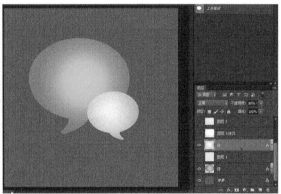

图5-10

11 选择图层【绿】，单击鼠标右键，在弹出的菜单中选择【混合选项】，在弹出的【图层样式】对话框中勾选【斜面和浮雕】，勾选【等高线】，【光泽等高线】选择【内凹－浅】，【样式】选择【内斜面】，【方法】选择【平滑】，将【深度】设置为602%，【大小】设置为46像素，【软化】设置为9像素，勾选【使用全局光】，将【角度】设置为90度，【高度】设置为30度，如图5-11所示。

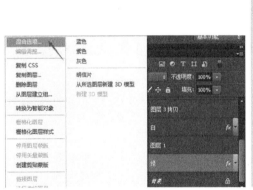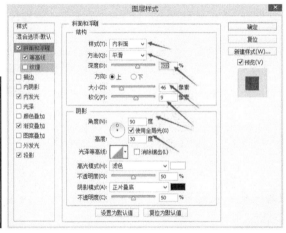

图5-11

12 勾选【内发光】，【混合模式】选择【正片叠底】，将色值设置为00ff1e，【不透明度】设置为80%，【阻塞】设置为0%，【大小】设置为98像素，【范围】设置为50%，【抖动】设置为0%，如图5-12所示。

13 勾选【渐变叠加】，【样式】选择【线性】，将【角度】设置为90度，将【不透明度】设置为20%，单击【渐变】的色条，在弹出的【渐变编辑器】对话框中设置从左至右的色标，将【颜色】色值分别设置为017411和ffffff，【位置】分别设置为0%和100%，如图5-13所示。

14 勾选【投影】，【混合模式】选择【正片叠底】，将颜色色值设置为035815，【不透明度】设置为30%，【角度】设置为90度，【距离】设置为29像素，【扩展】设置为27%，【大小】设置为16像素，得到图5-14所示的效果。

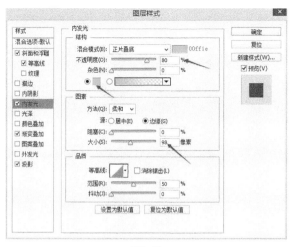

图5-12

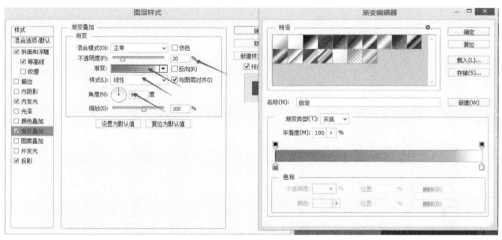

图5-13

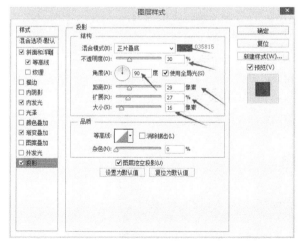

图5-14

15 选择【椭圆选框工具】，在图中画出选区，新建图层，选择【渐变工具】，选择【径向渐变】，单击渐变条，调出【渐变编辑器】对话框，选择【从前景色到透明渐变】，设置从左至右的色标，将【颜色】色值分别设置为88ff09和ffffff，在选区中拉出渐变，如图5-15所示。

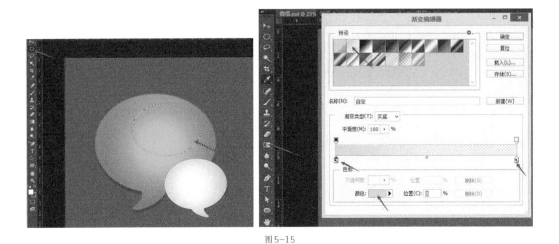

图5-15

16 选择【橡皮擦工具】，选择【模糊边缘】，对选区边缘进行调整。选择【椭圆选框工具】，在图中画出选区，新建图层，选择【渐变工具】，选择【径向渐变】，单击渐变条，调出【渐变编辑器】对话框，选择【从前景色到透明渐变】，设置从左至右的色标，将【颜色】色值分别设置为88ff09和ffffff，在选区中拉出渐变，如图5-16所示。

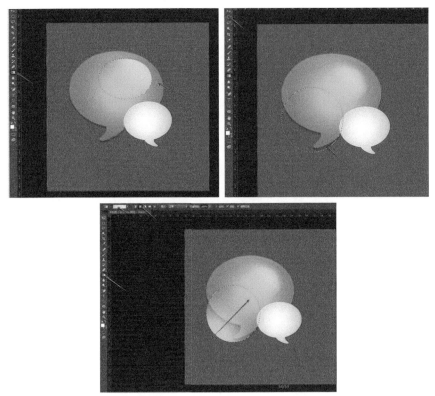

图5-16

17 使用【魔棒工具】，选中大图标轮廓，单击鼠标右键，在弹出的菜单中选择【选择反向】，按Delete键删除多余部分，如图5-17所示。

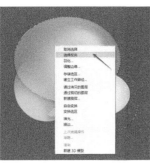

图 5-17

18 选择【矩形工具】，画出4个同样大小的正方形，如图5-18所示。

图 5-18

19 执行【滤镜】—【扭曲】—【球面化】命令，在弹出的【球面化】对话框中将【数量】设置为100%，如图5-19所示。

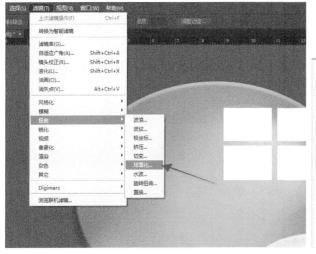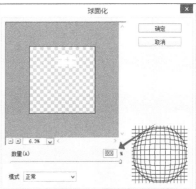

图 5-19

20 选择4个矩形的图层，按Ctrl+T快捷键进入自由变换，将图形变形成图5-20所示的图形，将图层的【不透明度】设置为18%。用【魔棒工具】选中大图标的轮廓，单击鼠标右键，在弹出的菜单中选择【选择反向】，按Delete键删除多余的部分，如图5-20所示。

图5-20

21 选择【矩形选框工具】，在图中画出选区，选择【渐变工具】，单击渐变条打开【渐变编辑器】对话框，选择【从前景色到透明渐变】，将左右的色标的色值都设置为ffffff，如图5-21所示。

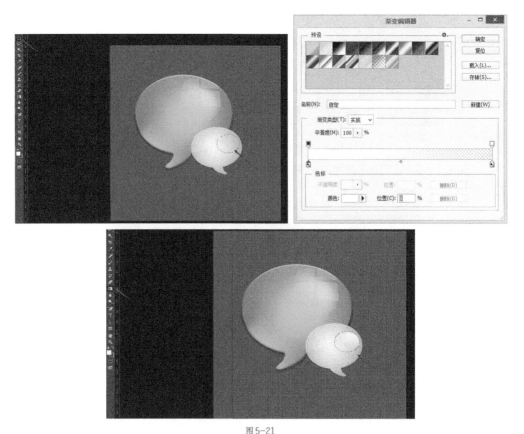

图5-21

22 选择图层【白】，单击鼠标右键，在弹出的菜单中选择【混合选项】，在弹出的【图层样式】对话框中勾选【斜面和浮雕】，勾选【等高线】，【光泽等高线】选择【内凹-浅】，【样式】选择【内斜面】，【方法】

选择【平滑】，将【深度】设置为602%，【大小】设置为46像素，【软化】设置为9像素，勾选【使用全局光】，将【角度】设置为90度，【高度】设置为30度，如图5-22所示。

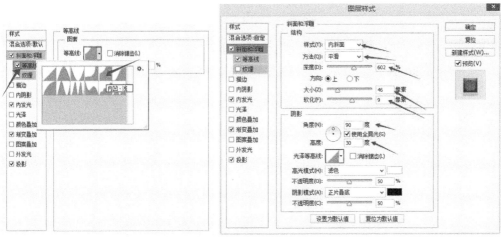

图5-22

23 勾选【内发光】，【混合模式】选择【正片叠底】，将颜色色值设置为dddbdb，【不透明度】设置为80%，【阻塞】设置为0%，【大小】设置为98像素，【范围】设置为50%，【抖动】设置为0%，如图5-23所示。

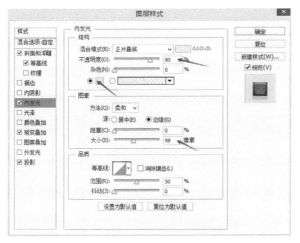

图5-23

24 勾选【渐变叠加】，将【不透明度】设置为20%，【渐变】选择【从前景色到透明渐变】，单击渐变条，在弹出的【渐变编辑器】对话框中将左右的色标的色值都设置为ffffff，如图5-24所示。

25 勾选【投影】，【混合模式】选择【正片叠底】，将颜色色值设置为838383，【不透明度】设置为30%，【角度】设置为90度，【距离】设置为29像素，【扩展】设置为27%，【大小】设置为16像素，得到图5-25所示的效果。

26 选择【矩形工具】，画出4个同样大小的正方形，如图5-26所示。

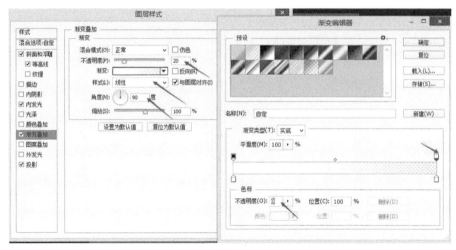

图 5-24

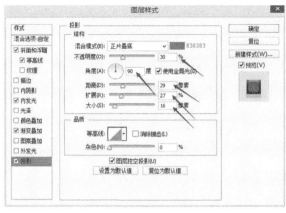

图 5-25

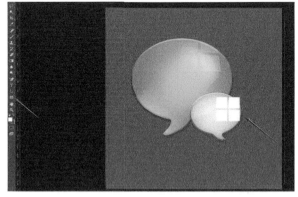

图 5-26

27 执行【滤镜】-【扭曲】-【球面化】命令，在弹出的【球面化】对话框中将【数量】设置为100%，如图5-27所示。

28 选择4个矩形的图层，按Ctrl+T快捷键进入自由变换，将图形变形成图5-28所示的图形。将图层的【不透明度】设置为19%。使用【魔棒工具】选中大图标的轮廓，单击鼠标右键，在弹出的菜单中选择【选择反向】，按Delete键删除多余的部分，如图5-28所示。

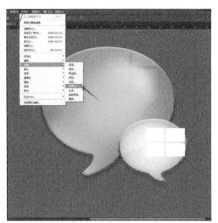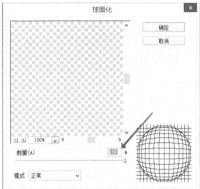

图 5-27

图 5-28

29 制作完成，效果如图5-29所示。

图 5-29

第6章 制作卡通风格电话图标

　　卡通风格图标设计风格强烈，让人过目不忘。色彩的表现上，一般选用明度、纯度较高的色彩，视觉形态能体现多样性与统一性。

　　本章设计的卡通风格电话图标简洁、美观、经典。电话与心形的色彩搭配合理，视角和光源设计统一，符合主题。运用PS软件的"钢笔""椭圆""矩形"等工具绘制图标的基本造型，在填充颜色上，利用明度很好地展现了立体效果，运用图层样式面板中的"斜面与浮雕""内阴影""颜色叠加""描边"等设置来完善图标的效果，同时使用高斯模糊来表现高光的质感，很好地诠释了卡通电话的特色。

扫码看视频

01 打开PS，执行【文件】-【新建】命令，在弹出的【新建】对话框中将【名称】设置为"电话"，【宽度】和【高度】均设置为16厘米，【分辨率】设置为300像素/英寸，【颜色模式】设置为RGB颜色8位，如图6-1所示。（本案例所介绍的步骤涉及的参数设置，正文中如未提及，则为默认。）

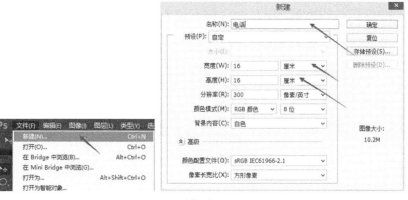

图6-1

02 执行【文件】-【置入】命令，在弹出的【置入】对话框中选择文件"木板背景"，单击【置入】按钮，在随后弹出的询问窗口中选择【置入】，如图6-2所示。

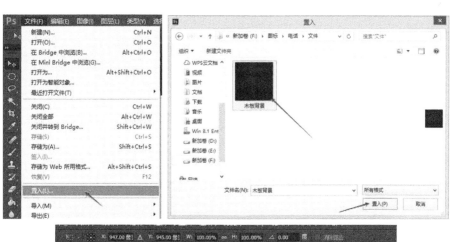

图6-2

03 选择【钢笔工具】勾出图中的轮廓。单击【图层】面板上的【创建新图层】按钮，将新图层命名为 "1"，选择【钢笔工具】，在图上单击鼠标右键，在弹出的菜单中选择【填充路径】，在弹出的【填充路径】 对话框中【使用】选择【前景色】，如图6-3所示。

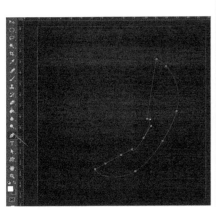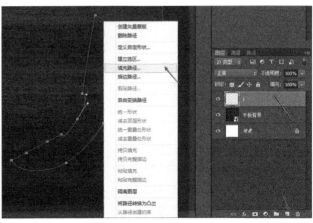

图6-3

04 选择图层【1】，单击鼠标右键，在弹出的 菜单中选择【混合选项】，在弹出的【图层样式】 对话框中勾选【颜色叠加】，将【混合模式】的 色值设置为fe3b8e，【不透明度】设置为100%， 如图6-4所示。

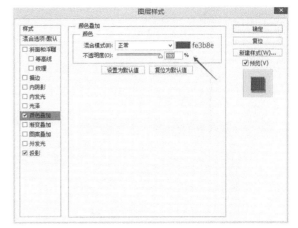

图6-4

05 勾选【投影】，【混合模式】选择【正片叠 底】，将【不透明度】设置为35%，【角度】设置 为110度，【距离】设置为21像素，【扩展】设置 为45%，【大小】设置为32像素，如图6-5所示。

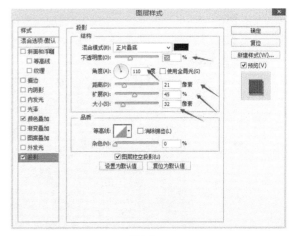

图6-5

06 选择【钢笔工具】勾出图6-6中的轮廓。单击工具箱中的【设置前景色】，在弹出的【拾色器】对话框中输入色值e60281。单击【图层】面板上的【创建新图层】按钮，将新图层命名为"2"。选择【钢笔工具】，在图上单击鼠标右键，在弹出的菜单中选择【填充路径】，在弹出的【填充路径】对话框中【使用】选择【前景色】，得到如图6-6所示的效果。

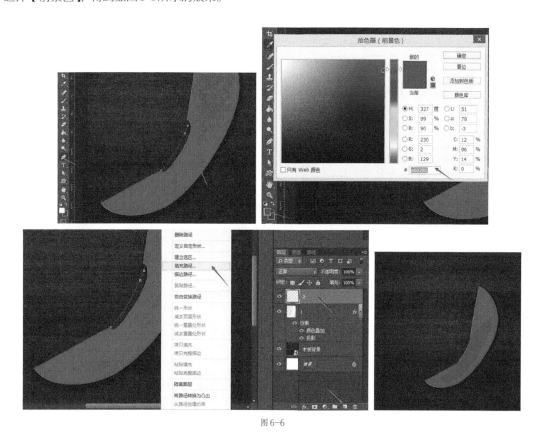

图6-6

07 选择【椭圆工具】，单击画板，在弹出的【创建椭圆】对话框中将【宽度】设置为4.28厘米，【高度】设置为3.95厘米，画出一个椭圆形，将图层命名为"话筒下1"，移动图形到图6-7所示的位置。

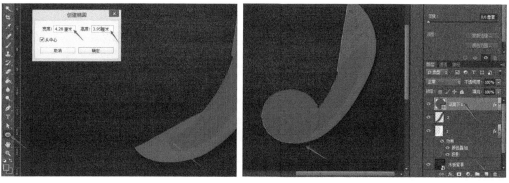

图6-7

08 选择图层【话筒下1】，单击鼠标右键，在弹出的菜单中选择【混合选项】，在弹出的【图层样式】对话框中勾选【渐变叠加】，【样式】选择【线性】，将【角度】设置为0度，单击【渐变】的色条，在弹出的

【渐变编辑器】对话框中设置从左至右的色标，将【颜色】色值分别设置为c7086a和f14b8e，【位置】分别设置为0%和100%，如图6-8所示。

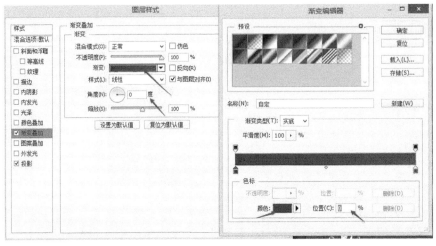

图6-8

09 勾选【投影】，【混合模式】选择【正片叠底】，将【不透明度】设置为50%，【角度】设置为−125度，【距离】设置为10像素，【扩展】设置为3%，【大小】设置为20像素，如图6-9所示。

10 选择【椭圆工具】，单击画板，在弹出的【创建椭圆】对话框中将【宽度】设置为4.09厘米，【高度】设置为3.37厘米，画出一个椭圆形，将图层命名为"话筒下2"，如图6-10所示。

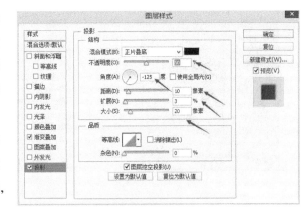

图6-9

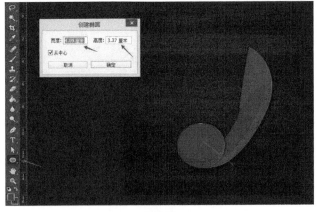

图6-10

11 选择图层【话筒下2】，单击鼠标右键，在弹出的菜单中选择【混合选项】，在弹出的【图层样式】对话框中勾选【描边】，将【大小】设置为3像素，【位置】选择【外部】，将【不透明度】设置为100%，【颜色】色值设置为ff64a6,如图6-11所示。

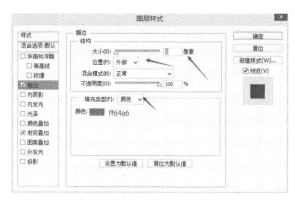

图6-11

12 勾选【渐变叠加】,【样式】选择【线性】,将【角度】设置为0度,单击【渐变】的色条,在弹出的【渐变编辑器】对话框中设置从左至右的色标,将【颜色】色值分别设置为cd076a和fa52a8,【位置】分别设置为0%和100%。使用【移动工具】将图形放置到图6-12所示的位置。

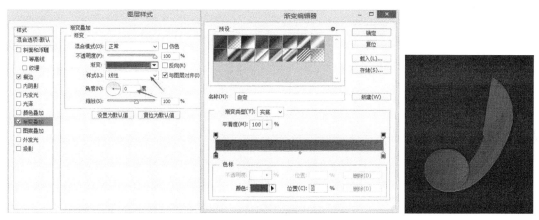

图6-12

13 选择【椭圆工具】,单击画板,在弹出的【创建椭圆】对话框中,将【宽度】设置为3.01厘米,【高度】设置为2.51厘米,画出一个椭圆形,将图层命名为"话筒下3",如图6-13所示。

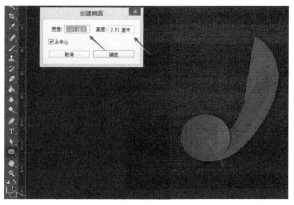

图6-13

14 选择图层【话筒下3】，单击鼠标右键，在弹出的菜单中选择【混合选项】，在弹出的【图层样式】对话框中勾选【斜面和浮雕】，勾选【等高线】，【样式】选择【外斜面】，【方法】选择【平滑】，将【深度】设置为100%，【大小】设置为25像素，【软化】设置为3像素，勾选【使用全局光】，将【角度】设置为0度，【高度】设置为30度，【高光模式】的色值设置为fd5e99，【阴影模式】的色值设置为a91051，如图6-14所示。

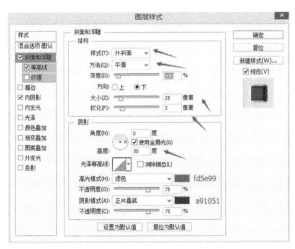

图6-14

15 勾选【内阴影】，将【混合模式】的色值设置为a6084e，【不透明度】设置为75%，【角度】设置为0度，【距离】设置为16像素，【阻塞】设置为10%，【大小】设置为23像素。使用【移动工具】将图形放置到图6-15所示的位置。

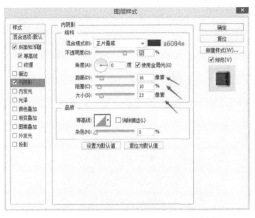

图6-15

16 选择【椭圆工具】，单击画板，在弹出的【创建椭圆】对话框中将【宽度】设置为2.95厘米，【高度】设置为2.27厘米，画出一个椭圆形，将图层命名为"话筒下4"，如图6-16所示。

17 选择图层【话筒下4】，单击鼠标右键，在弹出的菜单中选择【混合选项】，在弹出的【图层样式】对话框中勾选【渐变叠加】，【样式】选择【线性】，将【角度】设置为0度，单击【渐变】的色条，在弹出的【渐变编辑器】对话框中设置从左至右的色标，将【颜色】色值分别设置为e93790和d10376，【位置】分别设置为0%和100%。使用【移动工具】将图形放置到图6-17所示的位置。

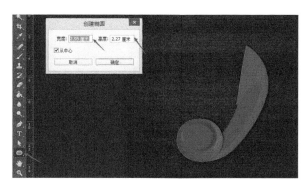

图6-16

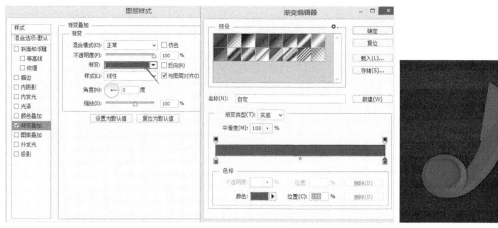

图6-17

18 选择【椭圆工具】，单击画板，在弹出的【创建椭圆】对话框中将【宽度】设置为6.25厘米，【高度】设置为6.36厘米，画出一个椭圆形，将图层命名为"听筒1"，如图6-18所示。

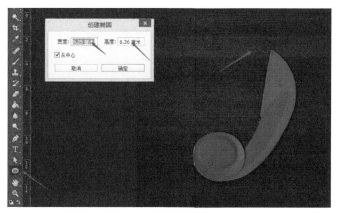

图6-18

19 选择图层【听筒1】，单击鼠标右键，在弹出的菜单中选择【混合选项】，在弹出的【图层样式】对话框中勾选【渐变叠加】，【样式】选择【线性】，将【角度】设置为90度，单击【渐变】的色条，在弹出的【渐变编辑器】对话框中设置从左至右的色标，将【颜色】色值分别设置为ef4781和fd5e9c，【位置】分别设置为0%和100%，如图6-19所示。

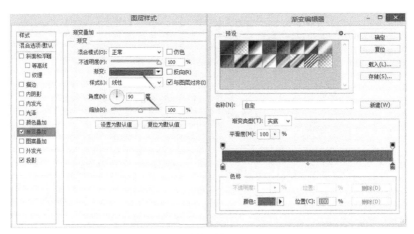

图6-19

20 勾选【投影】，【混合模式】选择【正片叠底】，将【不透明度】设置为60%，【角度】设置为50度，【距离】设置为40像素，【扩展】设置为0%，【大小】设置为45像素。将图形放置到图6-20所示的位置。

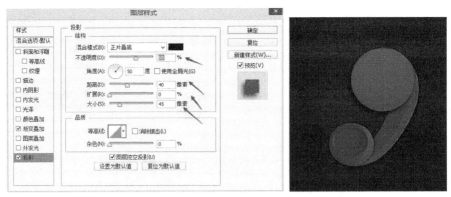

图6-20

21 选择【椭圆工具】，单击画板，在弹出的【创建椭圆】对话框中将【宽度】设置为5.15厘米，【高度】设置为5.8厘米，画出一个椭圆形，将图层命名为"听筒2"，如图6-21所示。

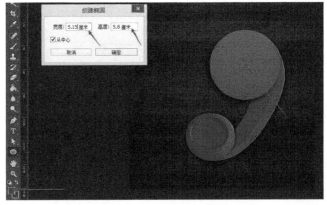

图6-21

22 选择图层【听筒2】，单击鼠标右键，在弹出的菜单中选择【混合选项】，在弹出的【图层样式】对话框中勾选【斜面和浮雕】，勾选【等高线】，【样式】选择【描边浮雕】，【方法】选择【平滑】，将【深度】设置为100%，【大小】设置为10像素，【软化】设置为16像素，【角度】设置为0度，【高度】设置为30度，【高光模式】选择【滤色】，将【不透明度】设置为100%，【阴影模式】的色值设置为d71476，如图6-22所示。

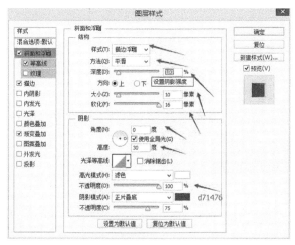

图 6-22

23 勾选【描边】，将【大小】设置为11像素，【位置】选择【内部】，将【不透明度】设置为100%，【填充类型】选择【渐变】，单击【渐变】旁的色条，在弹出的【渐变编辑器】对话框中单击颜色条添加色标，单击色标再单击下方【颜色】旁的色板，在弹出的【拾色器】对话框中输入色值，单击【位置】数值，更改色标位置。将左边色标【颜色】设置为cf2769，【位置】设置为0%。右边色标【颜色】设置为ea96b7，【位置】设置为100%，如图6-23所示。

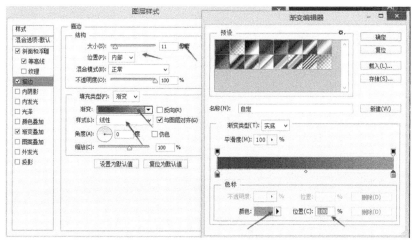

图 6-23

24 勾选【渐变叠加】，【样式】选择【线性】，将【角度】设置为0度，单击【渐变】的色条，在弹出的【渐变编辑器】对话框中设置从左至右的色标，将【颜色】色值分别设置为d0036e和fc41a3，【位置】分别设置为0%和100%。使用【移动工具】将图形放置到图6-24所示的位置。

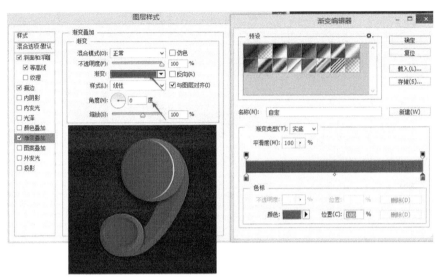

图6-24

25 选择【椭圆工具】，单击画板，在弹出的【创建椭圆】对话框中将【宽度】设置为4.33厘米，【高度】设置为4.66厘米，画出一个椭圆形，将图层命名为"听筒3"，如图6-25所示。

26 选择图层【听筒3】，单击鼠标右键，在弹出的菜单中选择【混合选项】，在弹出的【图层样式】对话框中勾选【描边】，将【大小】设置为5像素，【位置】选择【外部】，将【不透明度】设置为85%，【颜色】色值设置为ffa4c8，如图6-26所示。

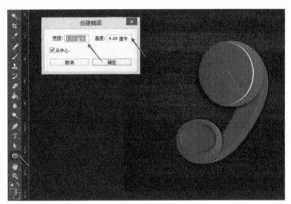

图6-25

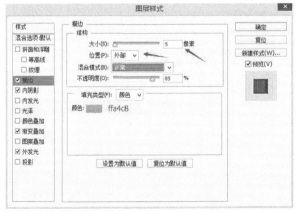

图6-26

27 勾选【内阴影】，将【混合模式】的色值设置为732543，【不透明度】设置为60%，【角度】设置为0

度,【距离】设置为16像素,【阻塞】设置为10%,【大小】设置为25像素,如图6-27所示。

28 勾选【渐变叠加】,【样式】选择【线性】,将【角度】设置为5度,单击【渐变】的色条,在弹出的【渐变编辑器】对话框中设置从左至右的色标,将【颜色】色值分别设置为f5558d和lff5d9e,【位置】分别设置为0%和100%,如图6-28所示。

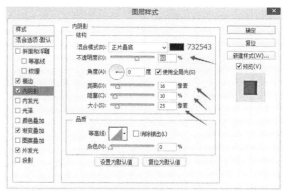

图6-27

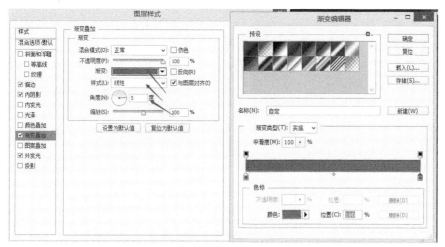

图6-28

29 勾选【外发光】,将颜色色值设置为ffffff,【大小】设置为23像素,如图6-29所示。

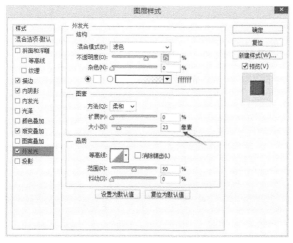

图6-29

30 选择【椭圆工具】,单击画板,在弹出的【创建椭圆】对话框中将【宽度】设置为3.73厘米,【高度】设置为4.02厘米,画出一个椭圆形,将图层命名为"听筒4",如图6-30所示。

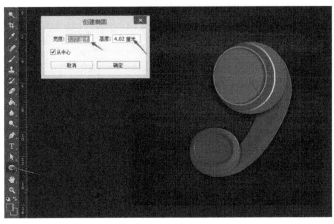

图 6-30

31 选择图层【听筒4】，单击鼠标右键，在弹出的菜单中选择【混合选项】，在弹出的【图层样式】对话框中勾选【描边】，将【大小】设置为5像素，【位置】选择【内部】，将【不透明度】设置为80%，【颜色】色值设置为a5084d，如图6-31所示。

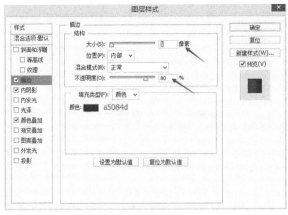

图 6-31

32 勾选【内阴影】，将【混合模式】的色值设置为96035c，【不透明度】设置为75%，【角度】设置为0度，【距离】设置为45像素，【阻塞】设置为20%，【大小】设置为55像素，如图6-32所示。

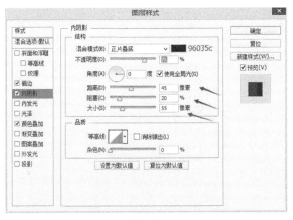

图 6-32

33 勾选【颜色叠加】，将【混合模式】色值设置为ee1f94，【不透明度】设置为100%。将图形放置到图6-33所示的位置。

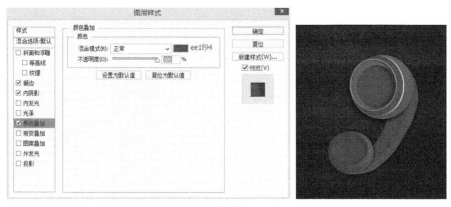

图6-33

34 选择【椭圆工具】，单击画板，在弹出的【创建椭圆】对话框中将【宽度】设置为0.39厘米，【高度】设置为0.44厘米，画出一个椭圆形，将图层命名为"孔"，如图6-34所示。

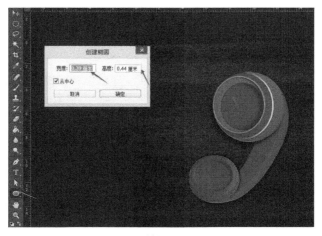

图6-34

35 选择图层【孔】，单击鼠标右键，在弹出的菜单中选择【混合选项】，在弹出的【图层样式】对话框中勾选【内阴影】，将【混合模式】的色值设置为fe6b9e，【不透明度】设置为75%，【角度】设置为-150度，【距离】设置为5像素，【阻塞】设置为0%，【大小】设置为2像素，如图6-35所示。

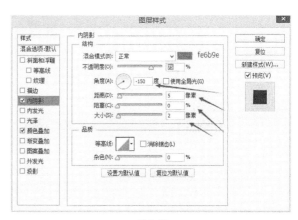

图6-35

36 勾选【颜色叠加】，将【混合模式】的色值设置为b30d60，【不透明度】设置为100%。将图形放置到图6-36所示的位置。

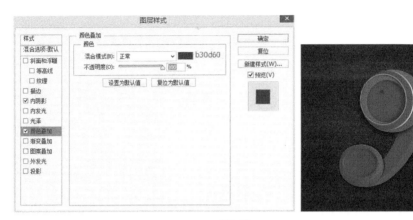

图6-36

37 选择图层【孔】，单击鼠标右键，在弹出的菜单中选择【复制图层】，将复制出来的图层命名为"孔2"。选择图层【孔2】，将图形移动到图6-37所示（上）的位置。再复制图层【孔】，将复制出来的图层命名为"孔3"，将其移动到图6-37所示（下）的位置。

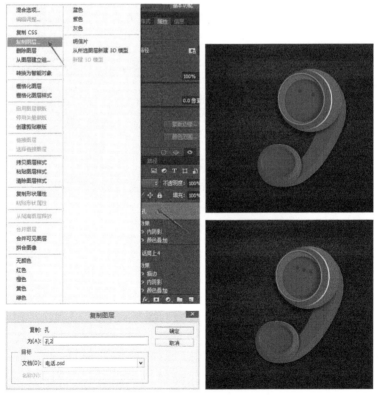

图6-37

38 按住Shift键，同时选择图层【孔】、【孔2】、【孔3】，单击鼠标右键，在弹出的菜单中选择【复制图层】，选择图层【孔拷贝】、【孔2拷贝】、【孔3拷贝】，单击鼠标右键，在弹出的菜单中选择【合并形状】，将合并的图层命名为"孔2排",复制图层【孔2排】,将复制出来的图层命名为"孔3排",将图形排列为图6-38所示的效果。

图6-38

39 单击【自定工具选择】,选择【红心形卡】,单击画板,在弹出的【创建自定形状】对话框中将【宽度】设置为467厘米,【高度】设置为4.58厘米,绘制出一个心形,将图层命名为"心1",如图6-39所示。

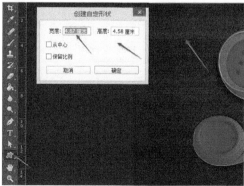

图6-39

40 选择图层【心1】，单击鼠标右键，在弹出的菜单中选择【混合选项】，在弹出的【图层样式】对话框中勾选【斜面和浮雕】，【样式】选择【内斜面】，【方法】选择【平滑】，将【深度】设置为146%，【大小】设置为17像素，【软化】设置为16像素，勾选【使用全局光】，将【角度】设置为0度，【高度】设置为30度，【阴影模式】的色值设置为fd3525，如图6-40所示。

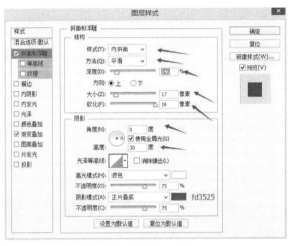

图6-40

41 勾选【渐变叠加】，【样式】选择【线性】，将【角度】设置为0度，单击【渐变】的色条，在弹出的【渐变编辑器】对话框中设置从左至右的色标，将【颜色】色值分别设置为f86240、f86e2d、d644d0和fa9759，【位置】分别设置为0%、32%、69%和100%，如图6-41所示。

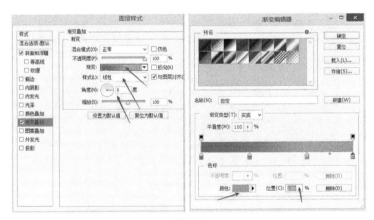

图6-41

42 选择【钢笔工具】勾出图中轮廓。单击工具箱中的【设置前景色】，在弹出的【拾色器】对话框中输入色值ec3901。单击【图层】面板上的【创建新图层】按钮，将图层命名为"心1高光"，选择【钢笔工具】，在图上单击鼠标右键，在弹出的菜单中选择【填充路径】，在弹出的【填充路径】对话框中【使用】选择【前景色】，如图6-42所示。

43 选择图层【心1高光】，执行【滤镜】-【模糊】-【高斯模糊】命令，在弹出的【高斯模糊】对话框中将【半径】设置为8.0像素，将图层的【不透明度】设置为26%，如图6-43所示。

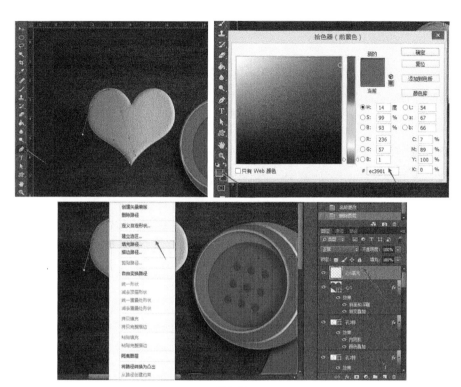

图6-42

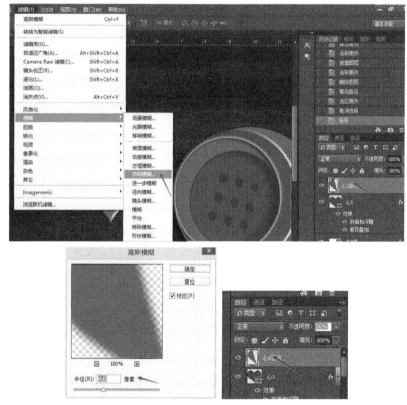

图6-43

44 按住Shift键，同时选择图层【心1】和【心1高光】，按Ctrl+T快捷键进入自由变换，同时按住Shift键，将图形逆时针旋转30度左右，得到图6-44所示效果。

图6-44

45 按住Shift键，同时选择图层【心1】和【心1高光】，单击鼠标右键，在弹出的菜单中选择【复制图层】，选择复制出来的两层，按Ctrl+T快捷键进入自由变换，将图形顺时针旋转60度左右，并按住Shift键进行等比例缩小，如图6-45所示。

46 将复制出来的心形移动到图6-46所示的位置，图标完成效果如图6-46所示。

图6-45   图6-46

第7章 制作写实镜头图标

　　写实镜头图标设计很好地诠释了图标的构成。简练的线条、合理的配色、复古但不繁复，整体非常吸引人。图标在视觉形态上表现出镜头的三维立体感，虽然只是物体的正面，但光影效果表现到位。在图标的色彩上表现出整体的低调和复古，配色统一，在质感的表现上充分地体现了金属与玻璃的特点。

　　在设计之初可以先构思图标的完成效果，然后使用PS软件进行设计。利用"椭圆"等工具绘制镜头的基本造型，运用图层样式中的"渐变叠加""描边""斜面和浮雕""内阴影""外发光"等来表现镜头的明暗、色彩效果。在处理高光部分时，运用了高斯模糊，使效果更加自然大方。在文字排版的设计中，更真实、细腻地体现了图标的写实性。

扫码看视频

01 打开PS，执行【文件】-【新建】命令，如图7-1所示。（本案例所介绍的步骤涉及的参数设置，正文中如未提及，则为默认。）

图7-1

02 在弹出的【新建】对话框中将【名称】设置为"镜头"，【宽度】和【高度】均设置为16厘米，【分辨率】设置为300像素/英寸，【颜色模式】设置为RGB颜色8位，如图7-2所示。

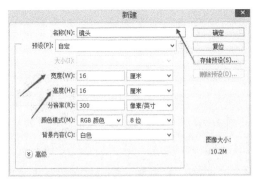

图7-2

03 按Ctrl+R快捷键调出标尺，将参考线横向和纵向都拉到8厘米的位置，如图7-3所示。

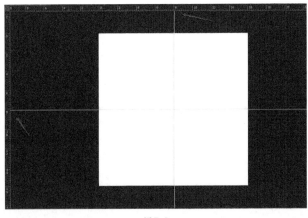

图7-3

04 执行【文件】-【置入】命令，在弹出的【置入】对话款中选择文件"黑色背景"，单击【置入】按钮，在随后弹出的询问对话框中选择【置入】，即可置入背景，如图7-4所示。

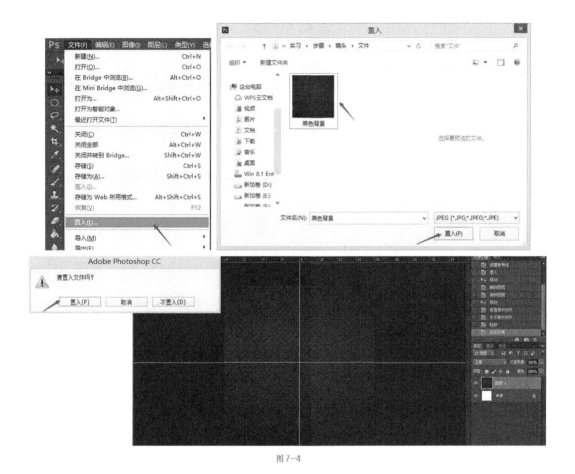

图 7-4

05 选择【椭圆工具】，单击参考线的交点处，在弹出的【创建椭圆】对话框中将【宽度】和【高度】均设置为12.5厘米，勾选【从中心】，画出一个圆形，将图层命名为"1"，如图7-5所示。

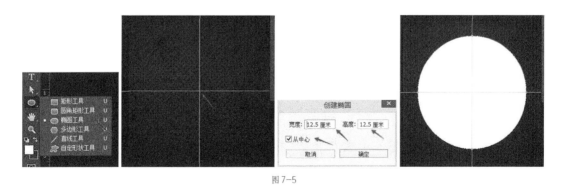

图 7-5

06 选择图层【1】，单击【图层】面板下方的 *fx* 按钮添加图层样式，选择【渐变叠加】，如图7-6所示。

图7-6

07 【样式】选择【角度】，单击【渐变】的颜色面板（箭头处），在弹出的【渐变编辑器】对话框中的渐变条上单击3次，添加3个色标。单击【色标】，单击下方【颜色】，在弹出的【拾色器】对话框中输入色值，如图7-7所示。

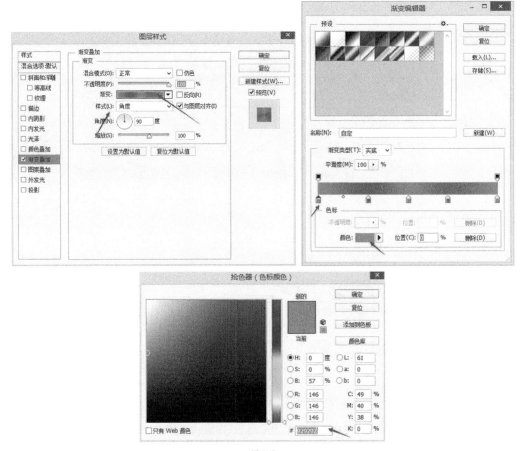

图7-7

08 将5个色标的【色值】从左到右分别设置为929292、6c6c6c、8e8e8e、757575、929292，如图7-8所示。

09 单击色标修改对应的【位置】数值，将5个色标的【位置】数值从左到右分别设置为0%、28%、50%、72%和100%，如图7-9所示。

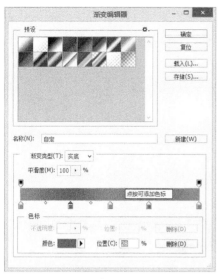

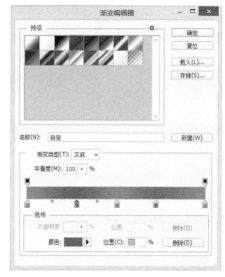

图7-8 图7-9

10 单击【确定】按钮，得到一个渐变的圆，如图7-10所示。

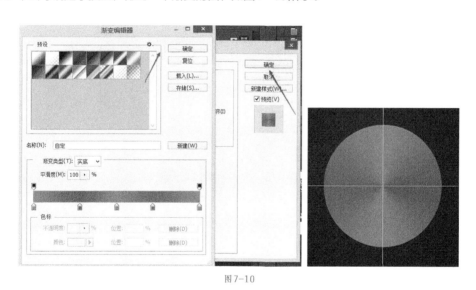

图7-10

11 选择图层【1】，双击【效果】，在弹出的【图层样式】对话框中勾选【描边】，将【大小】设置为20像素，【位置】选择【外部】，单击【颜色】处的色板，在弹出的【拾色器】对话框中输入色值434343，如图7-11所示。

12 选择【椭圆工具】，单击参考线交点，在弹出的【创建椭圆】对话框中将【宽度】和【高度】均设置为10.5厘米，将图层命名为"2"，如图7-12所示。

13 选择图层【2】，单击【图层】面板下方 *fx* 按钮添加图层样式，选择【渐变叠加】，在弹出的【图层样式】对话框中【样式】选择【线性】，将【角度】设置为-90度，单击【渐变】的色条，在弹出的【渐变编辑器】对话框中选择左侧的色标，将【颜色】色值设置为lalala，【位置】设置为0%；选择右侧的色标，将【颜色】色值设置为bfbfbf，【位置】设置为100%，如图7-13所示。

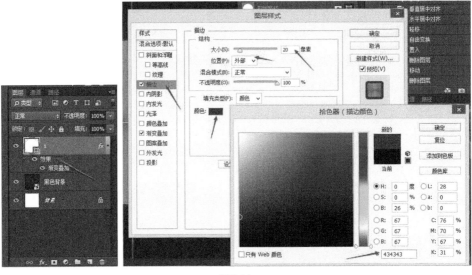

图 7-11

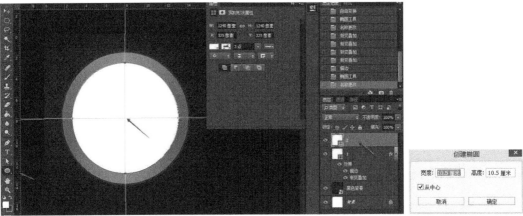

图 7-12

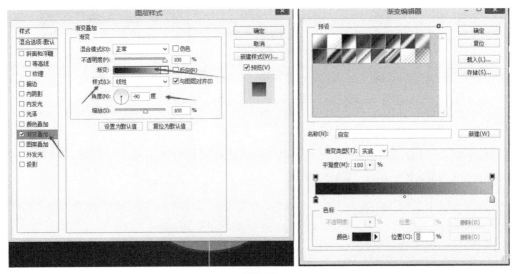

图 7-13

14 单击【椭圆工具】，单击参考线的交点，在弹出的【创建椭圆】对话框中将【宽度】和【高度】均设置为10厘米，画出第二个圆，将新建的图层命名为"3"，如图7-14所示。

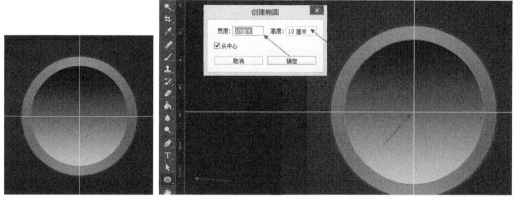

图7-14

15 选择图层【3】，单击【图层】面板下方的 fx 按钮添加图层样式，选择【渐变叠加】，在弹出的【图层样式】对话框中【样式】选择【线性】，将【角度】设置为90度，单击【渐变】旁的色条，在弹出的【渐变编辑器】对话框中单击左边的色标，将【颜色】色值设置为383838；单击右边的色标，将【颜色】色值设置为626262，如图7-15所示。

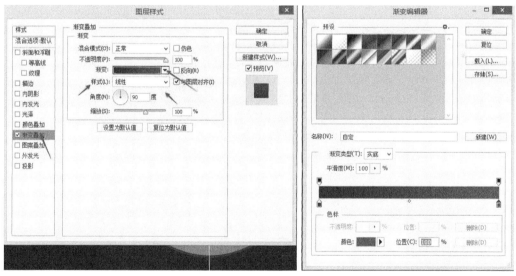

图7-15

16 选择图层【3】，单击【图层】面板下方的 fx 按钮添加图层样式，选择【描边】，在弹出的【图层样式】对话框中将【大小】设置为12像素，【位置】选择【外部】，【填充类型】选择【渐变】，单击【渐变】旁的色条，在弹出的【渐变编辑器】对话框中单击左边的色标，将【颜色】色值设置为121212；单击右边的色标，将【颜色】色值设置为474747，如图7-16所示。

17 选择【椭圆工具】，单击参考线的交点，在弹出的【创建椭圆】对话框中将【宽度】和【高度】均设置为9厘米，绘制出一个圆，将新建的图层命名为"4"，如图7-17所示。

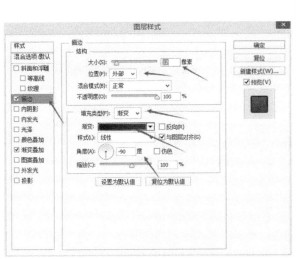
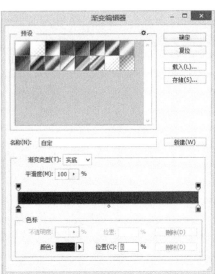

图 7-16

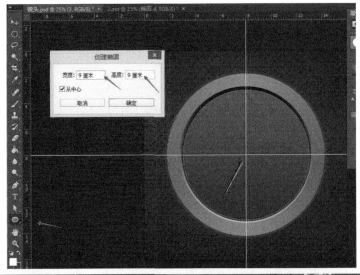

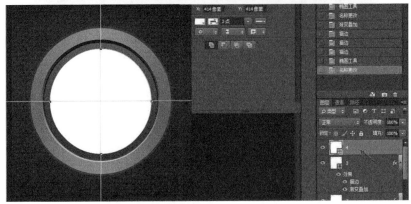

图 7-17

18 选择图层【4】，单击【图层】面板下方的 fx 按钮添加图层样式，选择【渐变叠加】，在弹出的【图层样式】对话框中【样式】选择【线性】，将【角度】设置为90度，单击【渐变】旁的色条，在弹出的【渐

变编辑器】对话框中单击左边的色标，将【颜色】色值设置为2a2a2a；单击右边的色标，将【颜色】色值设置为a8a8a8，如图7-18所示。

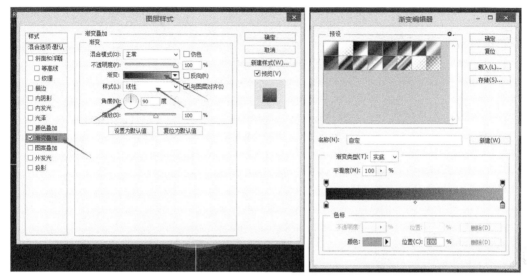

图7-18

19 选择图层【4】，单击【图层】面板下方的 *fx* 按钮添加图层样式，选择【斜面和浮雕】，在弹出的【图层样式】对话框中勾选【等高线】，【样式】选择【内斜面】，【方法】选择【平滑】，将【深度】设置为880%，【大小】设置为12像素，【角度】设置为−79度，取消勾选【使用全局光】，将【高度】设置为30度，如图7-19所示。

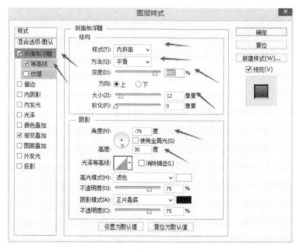

图7-19

20 选择【椭圆工具】，单击参考线交点，在弹出的【创建椭圆】对话框中将【宽度】和【高度】均设置为8.5厘米，绘制出一个圆，将新建的图层命名为"5"，如图7-20所示。

21 选择图层【4】，单击鼠标右键，在弹出的菜单中选择【拷贝图层样式】，选择图层【5】，单击鼠标右键，在弹出的菜单中选择【粘贴图层样式】，如图7-21所示。

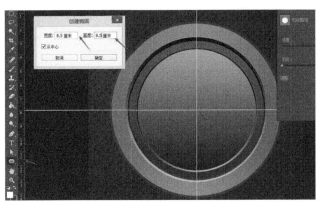

图7-20

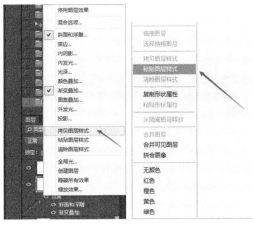

图7-21

22 选择【椭圆工具】，单击参考线交点，在弹出的【创建椭圆】对话框中将【宽度】和【高度】均设置为8厘米，绘制出一个圆，将新建的图层命名为"6"。选择图层【6】，单击鼠标右键，在弹出的菜单中选择【粘贴图层样式】，此时图标效果如图7-22所示。

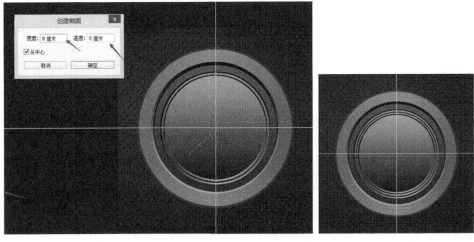

图7-22

23 选择【椭圆工具】，单击参考线交点，在弹出的【创建椭圆】对话框中讲【宽度】和【高度】均设置为5.5厘米，绘制出一个圆，将新建的图层命名为"7"，如图7-23所示。

24 选择图层【7】，单击【图层】面板下方 **fx** 按钮添加图层样式，选择【渐变叠加】，在弹出的【图层样式】对话框中【样式】选择【线性】，将【角度】设置为90度，单击【渐变】的色条，在弹出的【渐变编辑器】对话框中选择左侧的色标，将【颜色】色值设置为lalala，【位置】设置为0%；

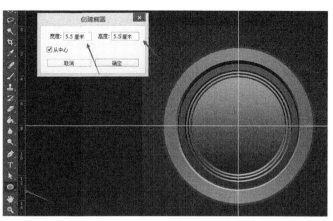

图7-23

选择右侧的色标，将【颜色】色值设置为8e8e8e，【位置】设置为100%，如图7-24所示。

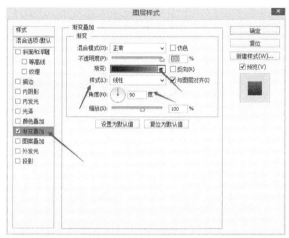

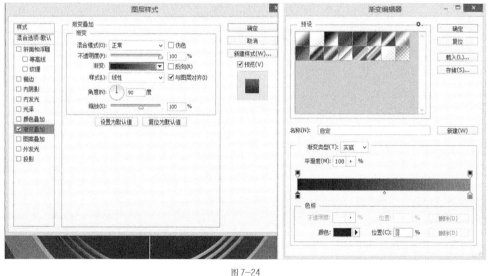

图7-24

25 选择图层【7】，单击【图层】面板下方的 **fx** 按钮添加图层样式，选择【斜面和浮雕】，在弹出的【图层样式】对话框中【样式】选择【内斜面】，【方法】选择【平滑】，将【深度】设置为135%，【大小】设置为30像素，【软化】设置为16像素，取消勾选【使用全局光】，将【角度】设置为−80度，【高度】设置为30度，【光泽等高线】选择【画圆步骤】，如图7-25所示。

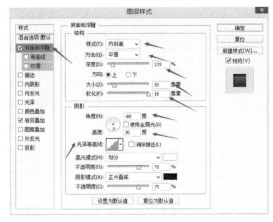

图7-25

26 选择【椭圆工具】，单击参考线交点，在弹出的【创建椭圆】对话框中将【宽度】和【高度】均设置为5.2厘米，绘制一个圆，将新建的图层命名为"8"。选择图层【8】，单击【图层】面板下方 *fx* 按钮添加图层样式，选择【渐变叠加】，在弹出的【图层样式】对话框中【样式】选择【线性】，将【角度】设置为90度，单击【渐变】的色条，在弹出的【渐变编辑器】对话框中选择左侧的色标，将【颜色】色值设置为lalala，【位置】设置为0%；选择右侧的色标，将【颜色】色值设置为8e8e8e，【位置】设置为100%，如图7-26所示。

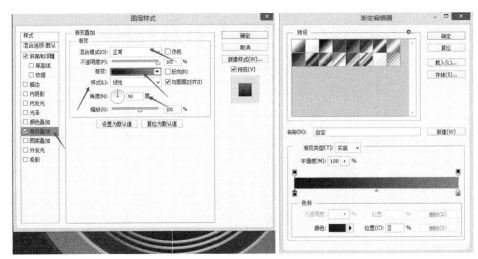

图7-26

27 选择图层【8】，单击【图层】面板下方的 *fx* 按钮添加图层样式，选择【斜面和浮雕】，在弹出的【图层样式】对话框中【样式】选择【内斜面】，【方法】选择【平滑】，将【深度】设置为108%，【大小】设置为30像素，【软化】设置为12像素，取消勾选【使用全局光】，将【角度】设置为120度，【高度】设置为30度，如图7-27所示。

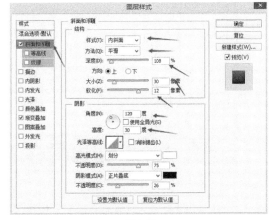

图7-27

28 选择【椭圆工具】，单击参考线交点，在弹出的【创建椭圆】对话框中将【宽度】和【高度】均设置为3.9厘米，绘制出一个圆，将新建的图层命名为"9"。选择图层【9】，单击【图层】面板下方的**fx**按钮添加图层样式，选择【内阴影】，在弹出的【图层样式】对话框中将【混合模式】的色值设置为000000，【不透明度】设置为90%，取消勾选【使用全局光】，将【角度】设置为−120度，【距离】设置为29像素，【阻塞】设置为19%，【大小】设置为68像素，如图7-28所示。

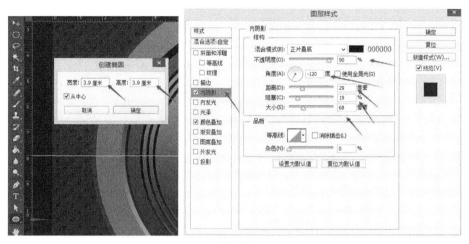

图7-28

29 选择图层【9】，单击【图层】面板下方的**fx**按钮添加图层样式，选择【颜色叠加】，在弹出的【图层样式】对话框中将色值设置为000000，【不透明度】设置为90%。勾选【混合选项】，将【不透明度】设置为90%，【填充不透明度】设置为80%，如图7-29所示。

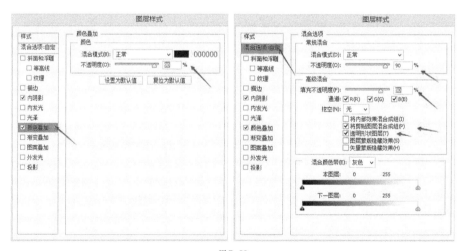

图7-29

30 选择【椭圆工具】，单击参考线交点，在弹出的【创建椭圆】对话框中将【宽度】和【高度】均设置为1厘米，绘制出一个圆，将新建的图层命名为"10"，如图7-30所示。

31 选择图层【10】，单击【图层】面板下方的**fx**按钮添加图层样式，选择【斜面和浮雕】，在弹出的【图层样式】对话框中勾选【等高线】，【样式】选择【内斜面】，【方法】选择【平滑】，将【深度】设置为

100%，【大小】设置为25像素，【软化】设置为16像素，取消勾选【使用全局光】，将【角度】设置为120度，【高度】设置为30度，【光泽等高线】选择【内凹—深】，将【阴影模式】色值设置为aeaeae，如图7-31所示。

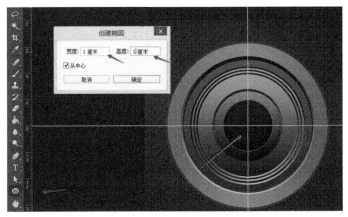

图7-30

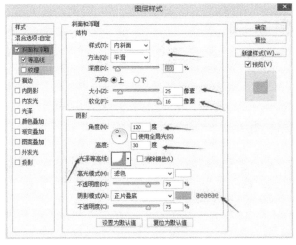

图7-31

32 选择图层【10】，单击【图层】面板下方的 ⨍ 按钮添加图层样式，选择【光泽】，在弹出的【图层样式】对话框中将【角度】设置为19度，【距离】设置为11像素，【大小】设置为15像素，【等高线】选择【边缘】，如图7-32所示。

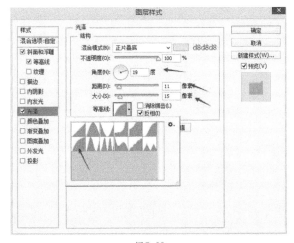

图7-32

33 选择图层【10】，单击【图层】面板下方的 **fx** 按钮添加图层样式，选择【外发光】，在弹出的【图层样式】对话框中将【不透明度】设置为70%，颜色设置为ffffff，【扩展】设置为6%，【大小】设置为15像素，如图7-33所示。

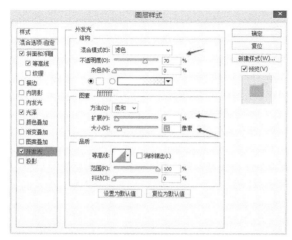

图 7-33

34 选择【椭圆工具】，单击参考线交点，在弹出的【创建椭圆】对话框中将【宽度】和【高度】均设置为6.6厘米，绘制出一个圆，将新建的图层命名为"11"，如图7-34所示。

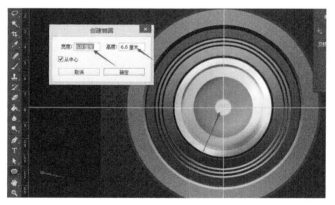

图 7-34

35 选择图层【11】，单击【图层】面板下方 **fx** 按钮添加图层样式，选择【描边】，在弹出的【图层样式】对话框中将【大小】设置为18像素，【位置】选择【内部】，将【颜色】色值设置为141015。勾选【颜色叠加】，【混合模式】选择【亮光】，将色值设置为496674，【不透明度】设置为20%。勾选【渐变叠加】，【混合模式】选择【颜色减淡】，【样式】选择【线性】，将【角度】设置为120度，单击【渐变】的色条，在弹出的【渐变编辑器】对话框中设置从左至右的色标，将【颜色】色值分别设置为9933cc、003366、3399cc、9933cc、003366和3399cc，【位置】分别设置为0%、8%、26%、65%、80%和100%。单击最上方的【混合选项】，将【填充不透明度】设置为20%，如图7-35所示。

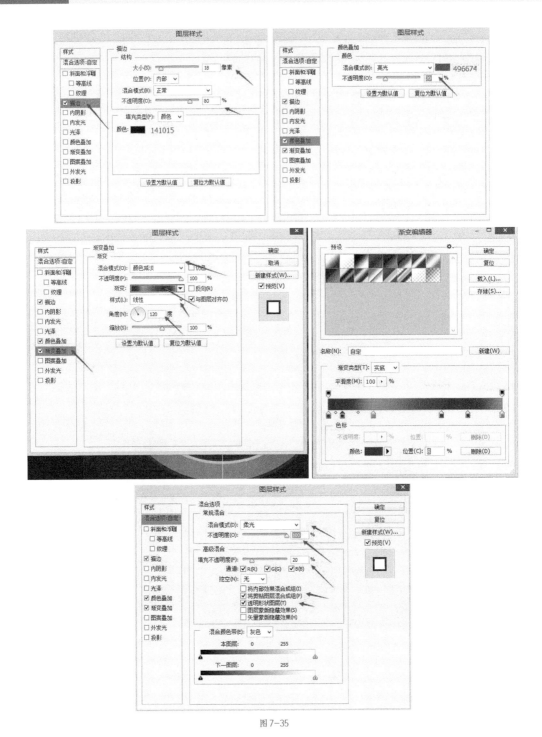

图7-35

36 选择【椭圆工具】，单击参考线交点，在弹出的【创建椭圆】对话框中将【宽度】设置为0.3厘米，【高度】设置为0.5厘米，绘制出一个椭圆，将新建的图层命名为"光1"，如图7-36所示。

37 选择图层【光1】，按Ctrl+T快捷键进入自由变换，然后按住Shift键将椭圆形逆时针旋转30度，并将其放到图7-37所示的位置。执行【滤镜】-【模糊】-【高斯模糊】命令，在弹出的询问是否栅格化处理对话框中单击【确定】按钮，在接着弹出的【高斯模糊】对话框中将【半径】设置为3.5像素，如图7-37所示。

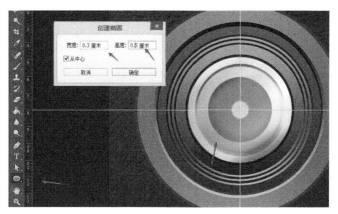

图 7-36

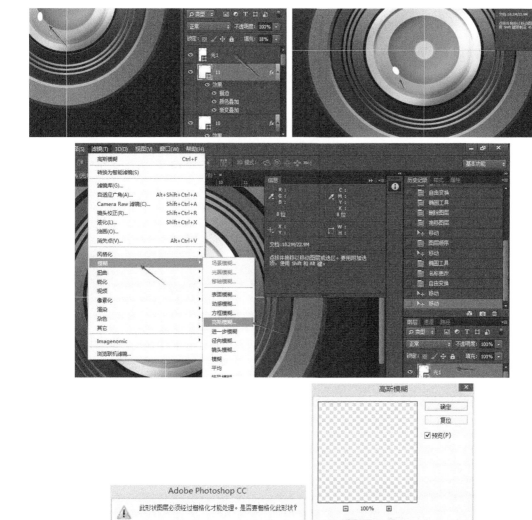

图 7-37

38 选择图层【光1】，单击【图层】面板下方 **fx** 按钮添加图层样式，选择【外发光】，在弹出的【图层样式】对话框中【混合模式】选择【滤色】，将【不透明度】设置为70%，颜色色值设置为3262ff，如图7-38所示。

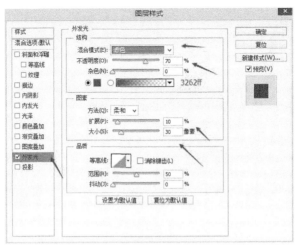

图 7-38

39 选择图层【光1】，单击鼠标右键，在弹出的菜单中选择【复制图层】，将复制出的图层命名为"光2"，再重复复制图层两次，将复制出的图层分别命名为"光3"和"光4"。分别将图层【光2】、【光3】和【光4】调整大小，并将其调整至与【光1】位于一条斜线上，将图层【光3】的【不透明度】设置为70%，将图层【光4】的【不透明度】设置为80%，如图7-39所示。

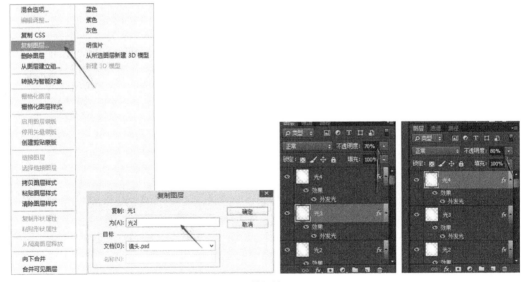

图 7-39

40 选择【钢笔工具】勾出图中轮廓。单击工具箱中的【设置前景色】，在弹出的【拾色器】对话框中输入色值ffffff。单击【图层】面板上的【创建新图层】按钮，将新图层命名为"高光"，选择【钢笔工具】，在图上单击鼠标右键，在弹出的菜单中选择【填充路径】，在弹出的【填充路径】对话框中【使用】选择【前景色】，如图7-40所示。

41 选择图层【高光】，执行【滤镜】-【模糊】-【高斯模糊】命令，在弹出的询问是否栅格化处理对话框中单击【确定】按钮，在接着弹出的【高斯模糊】对话框中将【半径】设置为40像素，如图7-41所示。

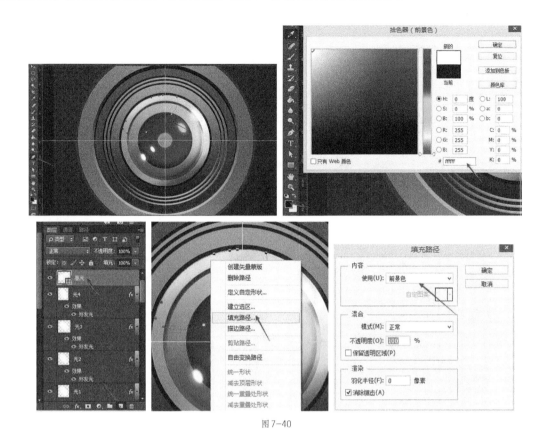

图7-40

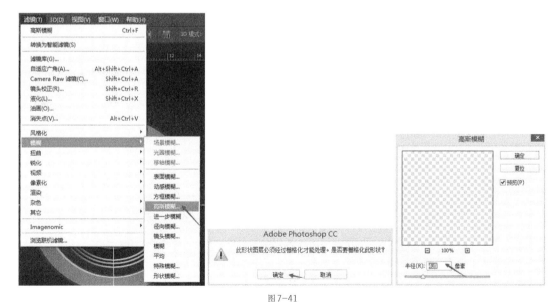

图7-41

42 选择图层【高光】，将【不透明度】设置为20%，调整图层顺序，将图层【高光】放在图层【9】和图层【10】之间，得到图7-42所示的效果。

43 选择【椭圆工具】，单击属性栏的【填充】选择【无颜色】，单击参考线的交点，在弹出的【创建椭圆】对话框中将【宽度】和【高度】均设置为11厘米，勾选【从中心】，画出一个圆形，如图7-43所示。

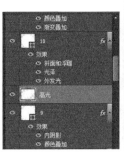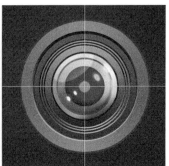

图7-42

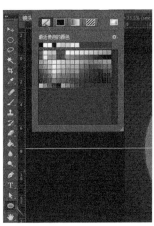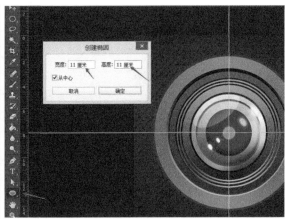

图7-43

44 选择【横排文字工具】，在刚才画出的圆形路径左上位置单击，输入文字"smc pent ax-m 1:2.8 28mm"，文字大小为14点，单击位置即文字开始位置，如图7-44所示。将文字图层命名为"上文字"。

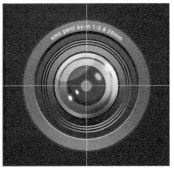

图7-44

45 选择图层【上文字】，单击【图层】面板下方的 fx 按钮添加图层样式，选择【内阴影】，在弹出的【图层样式】对话框中将色值设置为1b1b1b，【不透明度】设置为65%，勾选【使用全局光】，将【角度】设置为120度，【距离】设置为2像素，【大小】设置为3像素，【等高线】选择【高斯】，将【杂色】设置为8%，如图7-45所示。

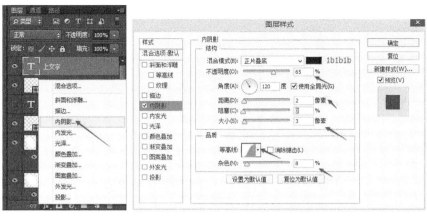

图7-45

46 选择【横排文字工具】，选择椭圆图层，在椭圆形路径右下位置单击，输入任意装饰文字，单击位置即文字开始位置，如图7-46所示。将文字图层命名为"下文字"。

47 选择图层【上文字】，单击鼠标右键，在弹出的菜单中选择【拷贝图层样式】，选择图层【下文字】，单击鼠标右键，在弹出的菜单中选择【粘贴图层样式】，如图7-47所示。

48 制作完成，最终效果如图7-48所示。

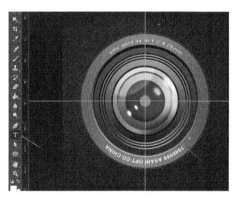

图7-46

图7-47

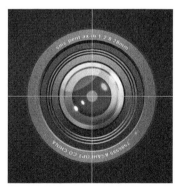

图7-48

第8章　制作色彩鲜艳的闹钟图标

闹钟图标是一个具有想象力和趣味性的设计作品，图标细节都很值得推敲，把闹钟各个部分的特点都充分地表现出来，使用户直观、清晰地理解其含义。图标整体色彩鲜艳、活泼，又不过于花哨，体量感设计到位。

在本章的设计中，利用"钢笔"工具描绘图标的造型，在各部分色彩填充上，合理地运用了对比色进行表现，颜色叠加、渐变填充运用得当。在图层样式的设计中，使用了大量的样式效果如"斜面与浮雕""描边""投影"等。在本章中，巧妙地使用了复制图层样式功能来完成设计，使整体效果和谐统一。

扫码看视频

01 打开PS，执行【文件】-【新建】命令，在弹出的【新建】对话框中将【名称】设置为"闹钟"，【宽度】和【高度】均设置为16厘米，【分辨率】设置为300像素/英寸，【颜色模式】设置为RGB颜色8位，如图8-1所示。（本案例所介绍的步骤涉及的参数设置，正文中如未提及，则为默认。）

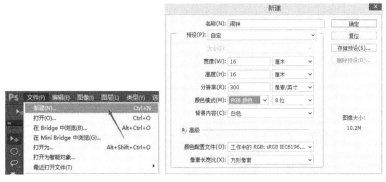

图8-1

02 单击工具箱中的【设置前景色】，在弹出的【拾色器】对话框中输入色值615b5b。选择【油漆桶工具】，选择图层【背景】，单击画板上的任意位置，将背景填充为灰色，如图8-2所示。

图8-2

03 放大图像后，选择【钢笔工具】，画出图中轮廓。单击【图层】面板上的【创建新图层】按钮，将新图层命名为"右"。单击工具箱中的【设置前景色】，在弹出的【拾色器】对话框中输入色值00cccc，如图8-3所示。

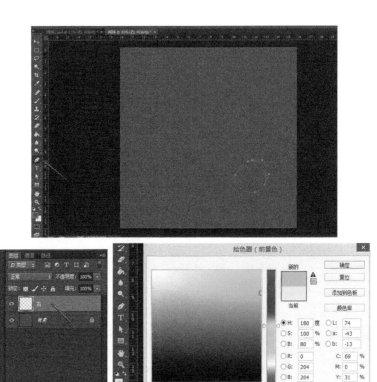

图8-3

04 选择【钢笔工具】，在图上单击鼠标右键，在弹出的菜单中选择【填充路径】，在弹出的【填充路径】对话框中【使用】选择【前景色】，如图8-4所示。

图8-4

05 选择图层【右】，单击鼠标右键，在弹出的菜单中选择【混合选项】，在弹出的【图层样式】对话框中勾选【描边】，将【大小】设置为8像素，【位置】选择【居中】，将【不透明度】设置为100%，【颜色】色值设置为2ab2ae，如图8-5所示。

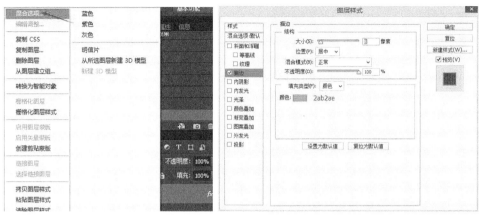

图8-5

06 选择【钢笔工具】勾出图中轮廓。单击工具箱中的【设置前景色】，在弹出的【拾色器】对话框中输入色值01b0ae。单击【图层】面板上的【创建新图层】按钮，将新图层命名为"右阴影"，选择【钢笔工具】，在图上单击鼠标右键，在弹出的菜单中选择【填充路径】，在弹出的【填充路径】对话框中【使用】选择【前景色】，如图8-6所示。

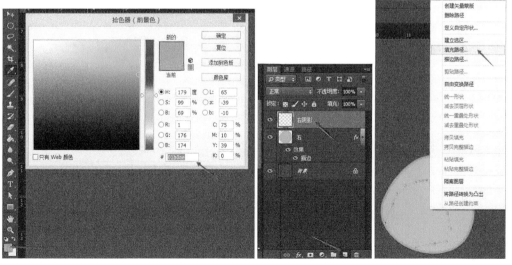

图8-6

07 双击图层【右】，在弹出的【图层样式】对话框中勾选【描边】，将【大小】设置为5像素，【位置】选择【外部】，将【不透明度】设置为18%，【颜色】色值设置为1cabb5，如图8-7所示。

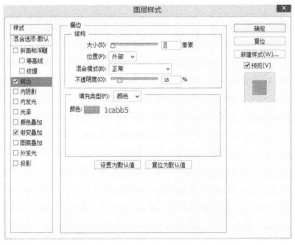

图8-7

08 勾选【渐变叠加】，【样式】选择【线性】，将【角度】设置为30度，单击【渐变】旁的色条，在弹出的【渐变编辑器】中单击颜色条添加色标，单击色标再单击下方【颜色】旁的色板，输入色值，单击【位置】数值，更改色标位置。将左边色标色值设置为00dcdd，【位置】设置为0%；将右边色标色值设置为00bfbf，【位置】设置为50%，如图8-8所示。

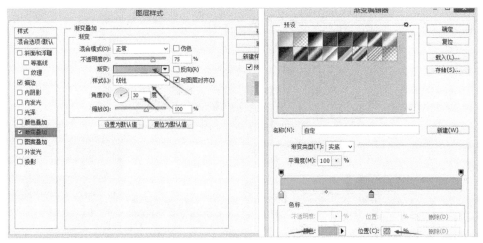

图8-8

09 选择【钢笔工具】勾出图中轮廓。单击工具箱中的【设置前景色】，在弹出的【拾色器】对话框中输入色值a8f6ff。单击【图层】面板上的【创建新图层】按钮，将新图层命名为"右高光"，选择【钢笔工具】，在图上单击鼠标右键，在弹出的菜单中选择【填充路径】，在弹出的【填充路径】对话框中【使用】选择【前景色】，如图8-9所示。

10 选择图层【右高光】，执行【滤镜】-【模糊】-【高斯模糊】命令，在弹出的【高斯模糊】对话框中将【半径】设置为2.0像素，选择路径，按Delete键删除，如图8-10所示。

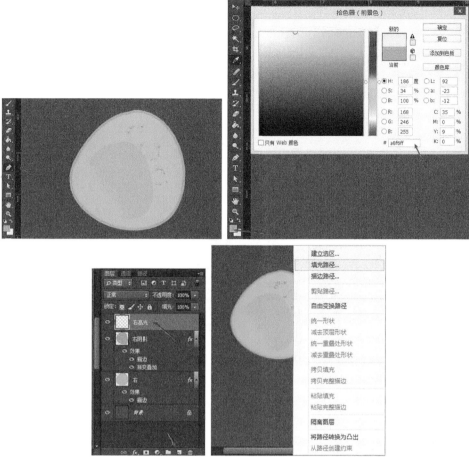

图8-9

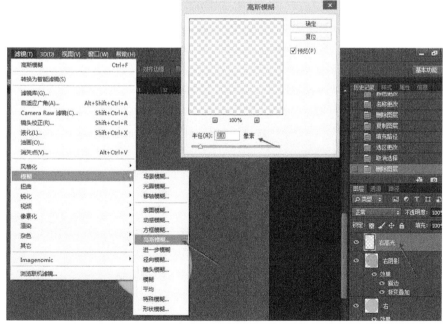

图8-10

11 选择【钢笔工具】勾出图中轮廓。单击【图层】面板上的【创建新图层】按钮，将图层命名为"左"，选择【钢笔工具】，在图上单击鼠标右键，在弹出的菜单中选择【填充路径】，在弹出的【填充路径】对话框中【使用】选择【前景色】，如图8-11所示。

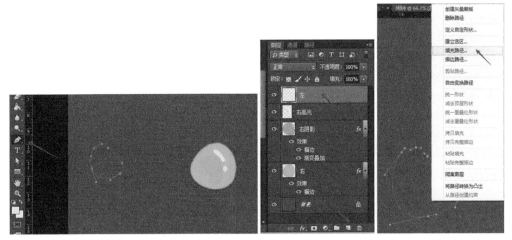

图8-11

12 选择图层【左】，单击鼠标右键，选择【混合选项】，在弹出的【图层样式】对话框中勾选【描边】，将【大小】设置为6像素，【位置】选择【外部】，将【不透明度】设置为82%，【颜色】色值设置为008078，如图8-12所示。

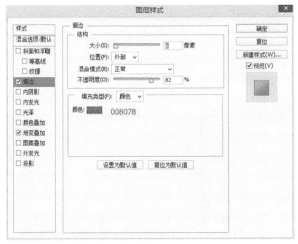

图8-12

13 勾选【渐变叠加】，【样式】选择【线性】，将【角度】设置为-56度，单击【渐变】的色条，在弹出的【渐变编辑器】对话框中设置从左至右的色标，将【颜色】色值分别设置为07b5a9、00c1ac、009480和107a093，【位置】分别设置为0%、32%、65%和188%，如图8-13所示。

14 选择【钢笔工具】勾出图中轮廓。单击【图层】面板上的【创建新图层】按钮，将新图层命名为"外"，选择【钢笔工具】，在图上单击鼠标右键，在弹出的菜单中选择【填充路径】，在弹出的【填充路径】对话框中【使用】选择【前景色】，接着删除路径，如图8-14所示。

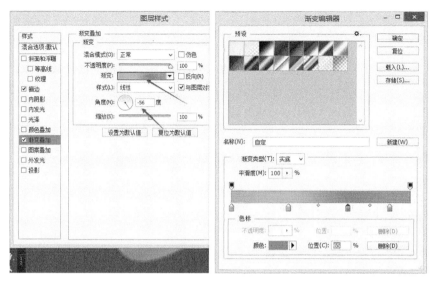

图 8-13

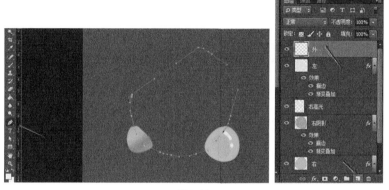

图 8-14

15 选择图层【外】，单击鼠标右键，在弹出的菜单中选择【混合选项】，在弹出的【图层样式】对话框中勾选【描边】，将【大小】设置为10像素，【位置】选择【外部】，将【不透明度】设置为100%，【颜色】色值设置为2e9790，如图8-15所示。

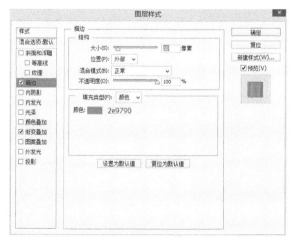

图 8-15

16 勾选【渐变叠加】，【样式】选择【线性】，将【角度】设置为-2度，单击【渐变】的色条，在弹出的【渐变编辑器】对话框中设置从左至右的色标，将【颜色】色值分别设置为05c8d2、058f8f、09a7a1、04948a、01aa9f、01969d、00a49d、038875、0e9da1和01adb0，【位置】分别设置为0%、17%、23%、27%、35%、49%、63%、73%、86%和100%，如图8-16所示。

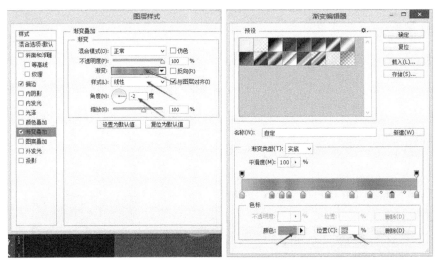

图8-16

17 选择【钢笔工具】勾出图中轮廓。单击工具箱中的【设置前景色】，在弹出的【拾色器】对话框中输入色值00d2d0。单击【图层】面板上的【创建新图层】按钮，将新图层命名为"圆盘"，选择【钢笔工具】，在图上单击鼠标右键，在弹出的菜单中选择【填充路径】，在弹出的【填充路径】对话框中【使用】选择【前景色】，接着删除路径，如图8-17所示。

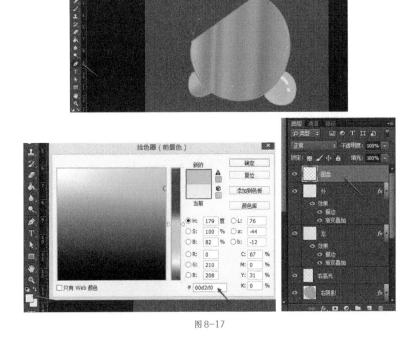

图8-17

18 选择【钢笔工具】勾出图中轮廓。单击鼠标右键，在弹出的菜单中选择【建立选区】，按Delete键删除选区内容，按Ctrl+D快捷键取消选择，如图8-18所示。

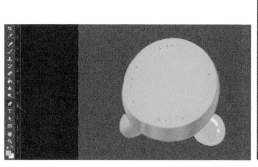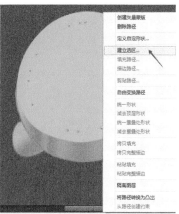

图8-18

19 选择图层【圆盘】，单击鼠标右键，在弹出的菜单中选择【混合选项】，在弹出的【图层样式】对话框中勾选【斜面和浮雕】，【样式】选择【内斜面】，【方法】选择【平滑】，将【深度】设置为52%，【大小】设置为28像素，【软化】设置为0像素，取消勾选【使用全局光】，将【角度】设置为120度，【高度】设置为30度，【阴影模式】色值设置为047b6e，勾选【等高线】，将【范围】设置为50%，如图8-19所示。

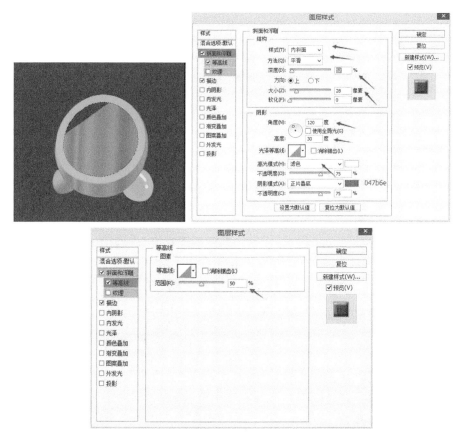

图8-19

20 勾选【描边】，将【大小】设置为9像素，【位置】选择【外部】，将【不透明度】设置为100%，【填充类型】选择【渐变】，单击【渐变】的色条，在弹出的【渐变编辑器】对话框中设置从左至右的色标，将【颜色】色值分别设置为1dacaa和41bdb5，【位置】分别设置为0%和100%，得到图8-20所示的效果。

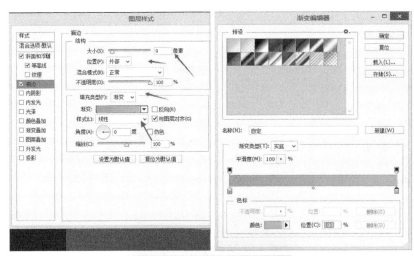

图 8-20

21 选择【钢笔工具】勾出图中轮廓。单击工具箱中的【设置前景色】，在弹出的【拾色器】对话框中输入色值e74b4f。单击【图层】面板上的【创建新图层】按钮，将新图层命名为"表盘1"，将图层【圆盘】的可见关闭。选择【钢笔工具】，在图上单击鼠标右键，在弹出的菜单中选择【填充路径】，在弹出的【填充路径】对话框中【使用】选择【前景色】，如图8-21所示。接着删除路径。

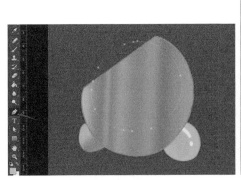

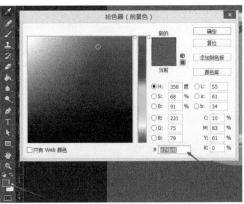

图 8-21

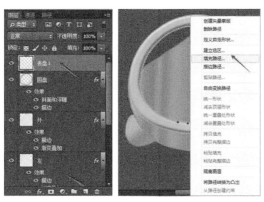

图 8-21（续）

22 勾选【内发光】，【混合模式】选择【正常】，将【不透明度】设置为60%，颜色色值设置为1b1b1b，【方法】选择【精准】，将【阻塞】设置为18%，【大小】设置为61像素，【等高线】选择【高斯】，将【范围】设置为80%，【抖动】设置为0%，如图8-22所示。

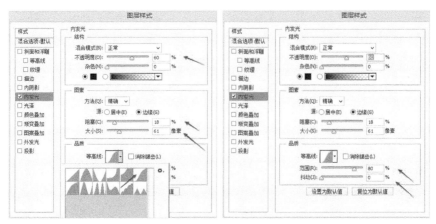

图 8-22

23 将图层【圆盘】的可见打开，选择【钢笔工具】勾出图中轮廓。单击工具箱中的【设置前景色】，在弹出的【拾色器】对话框中输入色值ff6826。单击【图层】面板上的【创建新图层】按钮，将新图层命名为"表盘2"，接着删除路径。选择【钢笔工具】，在图上单击鼠标右键，在弹出的菜单中选择【填充路径】，在弹出的【填充路径】对话框中【使用】选择【前景色】，得到如图8-23所示的效果。

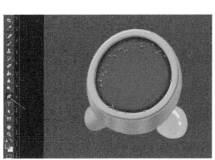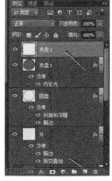

图 8-23

24 选择【钢笔工具】勾出图中轮廓。单击工具箱中的【设置前景色】，在弹出的【拾色器】对话框中输入色值c85b1f。单击【图层】面板上的【创建新图层】按钮，将新图层命名为"表盘3"，选择【钢笔工具】，在图上单击鼠标右键，在弹出的菜单中选择【填充路径】，在弹出的【填充路径】对话框中【使用】选择【前景色】，如图8-24所示。

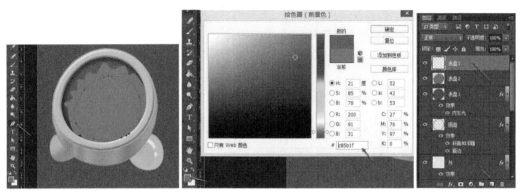

图8-24

25 选择图层【底3】，单击鼠标右键，在弹出的菜单中选择【混合选项】，在弹出的【图层样式】对话框中勾选【渐变叠加】，【样式】选择【径向】，将【角度】设置为-55度，单击【渐变】的色条，在弹出的【渐变编辑器】对话框中设置从左至右的色标，将【颜色】色值分别设置为ce5b44、b7562f和a03a45，【位置】分别设置为0%、49%和100%，如图8-25所示。

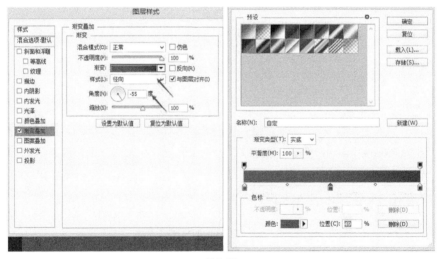

图8-25

26 选择【钢笔工具】勾出图中轮廓。单击工具箱中的【设置前景色】，在弹出的【拾色器】对话框中输入色值f9f404。单击【图层】面板上的【创建新图层】按钮，将新图层命名为"刻度1"，选择【钢笔工具】，在图上单击鼠标右键，在弹出的菜单中选择【填充路径】，在弹出的【填充路径】对话框中【使用】选择【前景色】，如图8-26所示。

27 选择图层【刻度1】，单击鼠标右键，在弹出的菜单中选择【混合选项】，在弹出的【图层样式】对话框中勾选【斜面和浮雕】，【样式】选择【内斜面】，【方法】选择【平滑】，将【深度】设置为380%，【大小】设置为250像素,【软化】设置为15像素,取消勾选【使用全局光】,将【角度】设置为120度,【高度】设置为30度,【阴影模式】色值设置为ffffff,勾选【等高线】,将范围设置为50%,如图8-27所示。

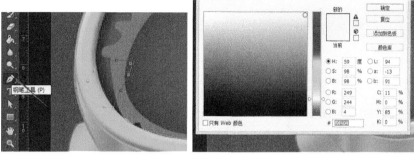

图8-26

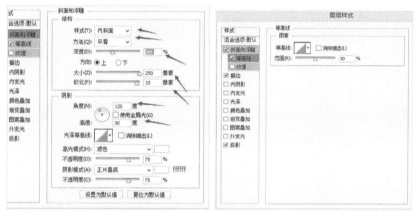

图8-27

28 勾选【描边】,将【大小】设置为5像素,【位置】选择【外部】,将【不透明度】设置为100%,【填充类型】选择【渐变】,【角度】设置为40度,单击【渐变】旁的色条,在弹出的【渐变编辑器】对话框中将左边色标【颜色】设置为e98502,【位置】设置为0%,右边色标【颜色】设置为ffffff,【位置】设置为100%,单击右边上方的色标,将【不透明度】设置为0%,如图8-28所示。

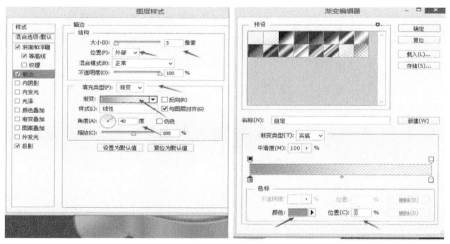

图8-28

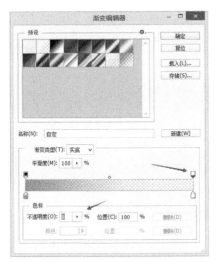

图8-28（续）

29 勾选【阴影】，【混合模式】选择【正片叠底】，将颜色色值设置为1b1b1b，【不透明度】设置为35%，【角度】设置为128度，取消勾选【使用全局光】，【距离】设置为17像素，【扩展】设置为19%，【大小】设置为9像素，如图8-29所示。

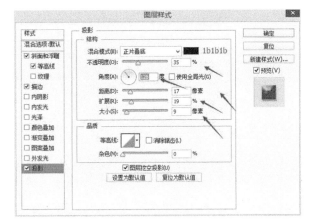

图8-29

30 选择【钢笔工具】勾出图中轮廓。单击【图层】面板上的【创建新图层】按钮，将新图层命名为"刻度2"，选择【钢笔工具】，在图上单击鼠标右键，在弹出的菜单中选择【填充路径】，在弹出的【填充路径】对话框中【使用】选择【前景色】，如图8-30所示。

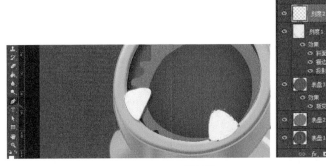

图8-30

31 选择图层【刻度2】，单击鼠标右键，选择【混合选项】，在弹出的【图层样式】对话框中勾选【斜面和浮雕】，【样式】选择【内斜面】，【方法】选择【平滑】，将【深度】设置为286%，【大小】设置为182像素,【软化】设置为15像素,勾选【使用全局光】,将【角度】设置为120度,【高度】设置为30度,【阴影模式】色值设置为ffffff,如图8-31所示。

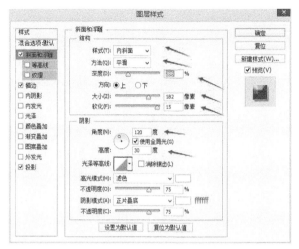

图8-31

32 勾选【描边】,将【大小】设置为5像素,【位置】选择【外部】,将【不透明度】设置为100%,【填充类型】选择【渐变】,单击【渐变】旁的色条,在弹出的【渐变编辑器】对话框中将左边色标【颜色】设置为e98502,【位置】设置为0%,将右边色标【颜色】设置为ffffff,【位置】设置为100%,单击右边上方的色标,将【不透明度】设置为0%,如图8-32所示。

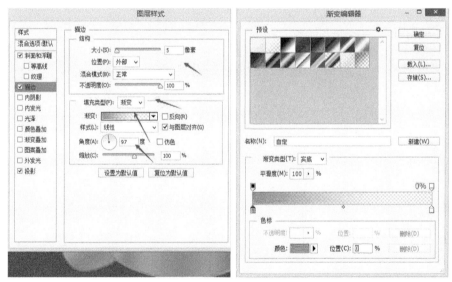

图8-32

33 勾选【投影】,【混合模式】选择【正片叠底】,将颜色色值设置为1b1b1b,【不透明度】设置为40%,【角度】设置为120度,【距离】设置为19像素,【扩展】设置为3%,【大小】设置为7像素,如图8-33所示。

34 选择【钢笔工具】勾出图中轮廓。单击【图层】面板上的【创建新图层】按钮,将新图层命名为"刻度3",选择【钢笔工具】,在图上单击鼠标右键,在弹出的菜单中选择【填充路径】,在弹出的【填充路径】对话框中【使用】选择【前景色】，如图8-34所示。

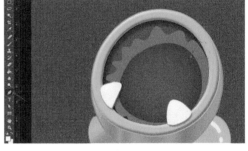

图8-33　　　　　　　　　　　　　　　　　　　　　图8-34

35 选择图层【刻度3】，单击鼠标右键，在弹出的菜单中选择【混合选项】，在弹出的【图层样式】对话框中勾选【斜面和浮雕】，【样式】选择【内斜面】，【方法】选择【平滑】，将【深度】设置为56%，【大小】设置为85像素，【软化】设置为5像素，勾选【使用全局光】，将【角度】设置为120度，【高度】设置为30度，【阴影模式】色值设置为ffffff，勾选【等高线】，将【范围】设置为50%，如图8-35所示。

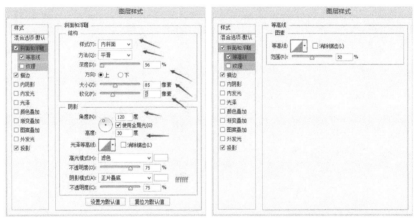

图8-35

36 勾选【描边】，将【大小】设置为5像素，【位置】选择【外部】，将【不透明度】设置为100%，【填充类型】选择【渐变】，将【角度】设置为180度，单击【渐变】旁的色条，在弹出的【渐变编辑器】对话框中将左边色标【颜色】设置为e98502，【位置】设置为0%，将右边色标【颜色】设置为ffffff，【位置】设置为100%，单击右边上方的色标，将【不透明度】设置为0%，如图8-36所示。

37 勾选【投影】，【混合模式】选择【正片叠底】，将颜色色值设置为1b1b1b，【不透明度】设置为40%，【角度】设置为60度，取消勾选【使用全局光】，将【距离】设置为10像素，【扩展】设置为19%，【大小】设置为10像素，如图8-37所示。

38 选择【钢笔工具】勾出图中轮廓。单击【图层】面板中的【创建新图层】，将新图层命名为"刻度4"，选择【钢笔工具】，在图上单击鼠标右键，在弹出的菜单中选择【填充路径】，在弹出的【填充路径】对话框中【使用】选择【前景色】，如图8-38所示。

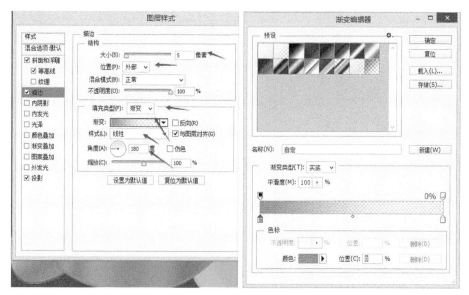

图 8-36

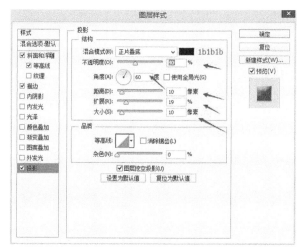

图 8-37

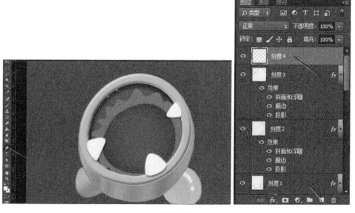

图 8-38

39 选择图层【刻度4】，单击鼠标右键，在弹出的菜单中选择【混合选项】，在弹出的【图层样式】对话框中勾选【斜面和浮雕】，【样式】选择【内斜面】，【方法】选择【平滑】，将【深度】设置为200%，【大小】设置为40像素，【软化】设置为3像素，勾选【使用全局光】，将【角度】设置为120度，【高度】设置为30度，【阴影模式】色值设置为ffffff，勾选【等高线】，将【范围】设置为50%，如图8-39所示。

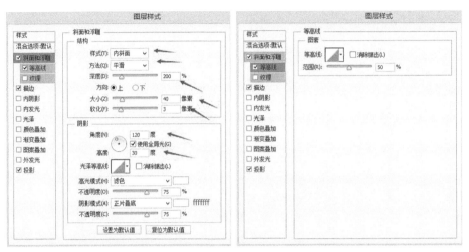

图 8-39

40 勾选【描边】，将【大小】设置为5像素，【位置】选择【居中】，将【不透明度】设置为47%，【填充类型】选择【渐变】，将【角度】设置为180度，【样式】选择【径向】，单击【渐变】旁的色条，在弹出的【渐变编辑器】对话框中将左边色标【颜色】设置为e98502，【位置】设置为0%，将右边色标【颜色】设置为ffffff，【位置】设置为100%，单击右边上方的色标，将【不透明度】设置为0%，如图8-40所示。

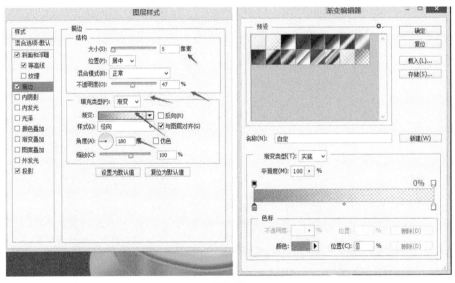

图 8-40

41 勾选【投影】，【混合模式】选择【正片叠底】，将颜色色值设置为1b1b1b，【不透明度】设置为42%，【角度】设置为120度，取消勾选【使用全局光】，将【距离】设置为13像素，【扩展】设置为17%，【大小】设置为9像素，如图8-41所示。

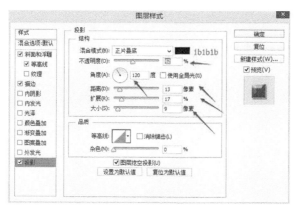

图 8-41

42 选择【钢笔工具】勾出图中轮廓。单击工具箱中的【设置前景色】,在弹出的【拾色器】对话框中输入色值91e200。单击【图层】面板上的【创建新图层】按钮,将新图层命名为"指针1",选择【钢笔工具】,在图上单击鼠标右键,在弹出的菜单中选择【填充路径】,在弹出的【填充路径】对话框中【使用】选择【前景色】,如图8-42所示。接着删除路径。

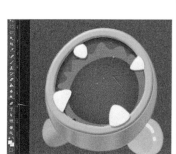
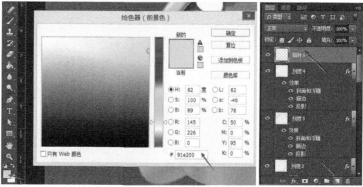

图 8-42

43 选择图层【指针1】,单击鼠标右键,在弹出的菜单中选择【混合选项】,在弹出的【图层样式】对话框中勾选【斜面和浮雕】,【样式】选择【内斜面】,【方法】选择【平滑】,将【深度】设置为235%,【大小】设置为16像素,【软化】设置为4像素,取消勾选【使用全局光】,将【角度】设置为120度,【高度】设置为30度,【阴影模式】色值设置为568600,如图8-43所示。

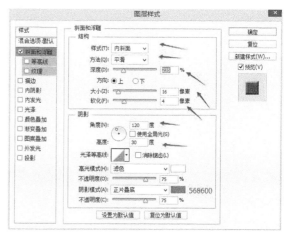

图 8-43

159

44 选择【钢笔工具】勾出图中轮廓。单击工具箱中的【设置前景色】，在弹出的【拾色器】对话框中输入色值76df00。单击【图层】面板上的【创建新图层】按钮，将新图层命名为"指针圆"，选择【钢笔工具】，在图上单击鼠标右键，在弹出的菜单中选择【填充路径】，在弹出的【填充路径】对话框中【使用】选择【前景色】，如图8-44所示。

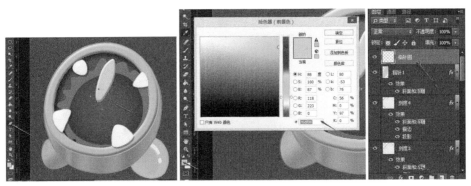

图8-44

45 选择图层【指针1】，单击鼠标右键，在弹出的菜单中选择【混合选项】，在弹出的【图层样式】对话框中勾选【斜面和浮雕】，【样式】选择【内斜面】，【方法】选择【平滑】，将【深度】设置为155%，【大小】设置为120像素，【软化】设置为15像素，勾选【使用全局光】，将【角度】设置为120度，【高度】设置为30度，【高光模式】色值设置为b6ff65，【阴影模式】色值设置为399900，如图8-45所示。

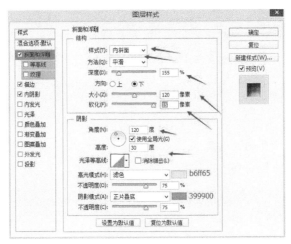

图8-45

46 选择图层【右】，单击鼠标右键，在弹出的菜单中选择【混合选项】，在弹出的【图层样式】对话框中勾选【描边】，将【大小】设置为3像素，【位置】选择【内部】，将【不透明度】设置为100%，【颜色】色值设置为399900，如图8-46所示。

47 勾选【内阴影】，将【混合模式】的色值设置为399900，【不透明度】设置为75%，勾选【使用全局光】，将【角度】设置为120度，【距离】设置为27像素，【阻塞】设置为4%，【大小】设置为46像素，如图8-47所示。

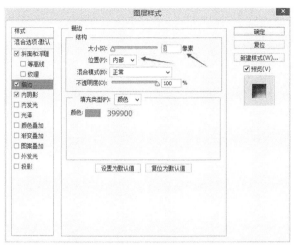

图 8-46

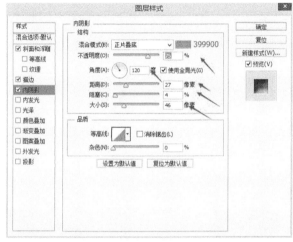

图 8-47

48 选择【钢笔工具】勾出图中轮廓。单击【图层】面板上的【创建新图层】按钮，将新图层命名为"指针2"，选择【钢笔工具】，在图上单击鼠标右键，在弹出的菜单中选择【填充路径】，在弹出的【填充路径】对话框中【使用】选择【前景色】，如图8-48所示。接着删除路径。

图 8-48

49 选择图层【指针1】，单击鼠标右键，在弹出的菜单中选择【混合选项】，在弹出的【图层样式】对话框中勾选【斜面和浮雕】，【样式】选择【内斜面】，【方法】选择【平滑】，将【深度】设置为100%，【大小】设置为15像素，【软化】设置为0像素，取消勾选【使用全局光】，将【角度】设置为53度，【高度】设置为58度，【阴影模式】色值设置为4e9400，勾选【等高线】，将【范围】设置为50%，如图8-49所示。

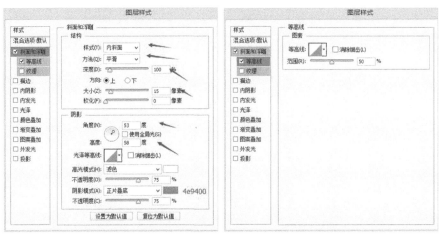

图8-49

50 按住Shift键，在【图层】面板中选中图层【指针1】、【指针圆】和【指针2】，单击鼠标右键，在弹出的菜单中选择【复制图层】，如图8-50所示。

51 按住Shift键，在【图层】面板中选中图层【指针1拷贝】、【指针圆拷贝】和【指针2拷贝】，单击鼠标右键，在弹出的菜单中选择【合并图层】。将新得到的图层命名为"指针2拷贝"，关闭图层【指针1】、【指针圆】、【指针2】的图层可见性，如图8-51所示。

图8-50

图8-51

52 勾选【投影】，【混合模式】选择【正片叠底】，将颜色色值设置为1b1b1b，【不透明度】设置为58%，【角度】设置为107度，取消勾选【使用全局光】，将【距离】设置为11像素，【扩展】设置为16%，【大小】设置为6像素，如图8-52所示。

图 8-52

53 选择【钢笔工具】勾出图中轮廓。单击工具箱中的【设置前景色】，在弹出的【拾色器】对话框中输入色值c0ff45。单击【图层】面板中的【创建新图层】按钮，将图层命名为"指针高光"，选择【钢笔工具】，在图上单击鼠标右键，在弹出的菜单中选择【填充路径】，在弹出的【填充路径】对话框中【使用】选择【前景色】，如图8-53所示。

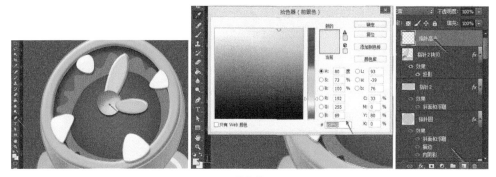

图 8-53

54 选择【椭圆选框工具】，在属性栏中将【羽化】设置为30像素，在图中位置画出椭圆选区，如图8-54所示。

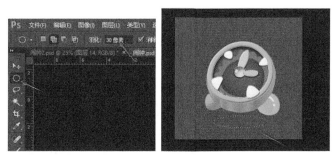

图 8-54

55 单击工具箱中的【设置前景色】，在弹出的【拾色器】对话框中输入色值1b1b1b。单击【图层】面板上的【创建新图层】按钮，将图层命名为"阴影"，选择【油漆桶】，在选框内单击，得到图8-55所示的效果。

56 执行【滤镜】-【模糊】-【高斯模糊】，在弹出的【高斯模糊】对话框中将【半径】设置为10.0像素，选择图层【阴影】，将【不透明度】设置为40%，如图8-56所示。

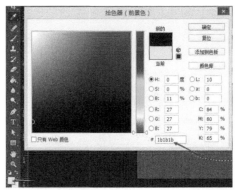

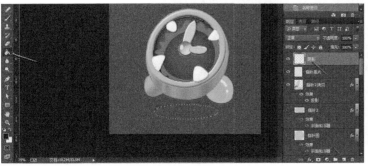

图 8-55

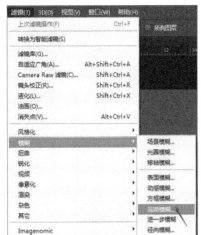

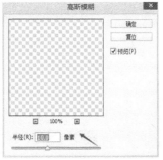

图 8-56

57 制作完成，最终效果如图8-57所示。

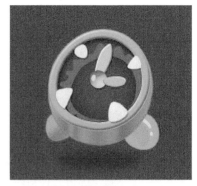

图 8-57

第9章　制作透明质感的文件夹图标

　　透明质感的文件夹图标表现细腻，质感偏写实。图标的隐喻表达非常明确，用户可以很快明白图标的功能。

　　在本章透明质感的文件夹图标设计中，运用PS软件中的"钢笔""矩形"等工具绘制图标的造型，同时利用Ctrl+T快捷键来调节文件夹页的大小、比例、透视；利用图层样式中的"斜面和浮雕""描边""内阴影""内发光""光泽""颜色叠加""外发光"等来展现文件夹透明的质感，同时运用高斯模糊来进行整理，充分表达了图标的设计理念。

扫码看视频

01 打开PS，执行【文件】-【新建】命令，在弹出的【新建】对话框中将【名称】设置为"文件夹图标"，【宽度】和【高度】均设置为16厘米，【分辨率】设置为300像素/英寸，【颜色模式】设置为RGB颜色8位，如图9-1所示。（本案例所介绍的步骤涉及的参数设置，正文中如未提及，则为默认。）

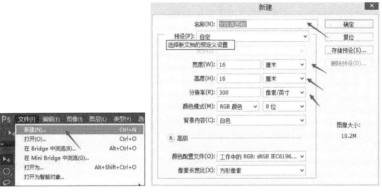

图9-1

02 单击工具箱中的【设置前景色】，在弹出的【拾色器】对话框中输入色值dde7e6。选择【油漆桶工具】，选择图层【背景】，单击画板上的任意位置，将背景填充为浅蓝色，如图9-2所示。

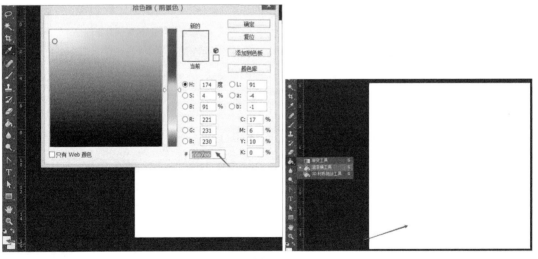

图9-2

03 单击工具箱中的【设置前景色】，在弹出的【拾色器】对话框中输入色值b4defe。选择【矩形工具】，在画布上单击，在弹出的【创建矩形】对话框中将【宽度】设置为7厘米，【高度】设置为9厘米，画出一个矩形，将图层命名为"后"，如图9-3所示。

04 选择图层【后】，按Ctrl+T快捷键进入自由变换，单击鼠标右键，在弹出的菜单中选择【斜切】，调整矩形的透视关系，如图9-4所示。

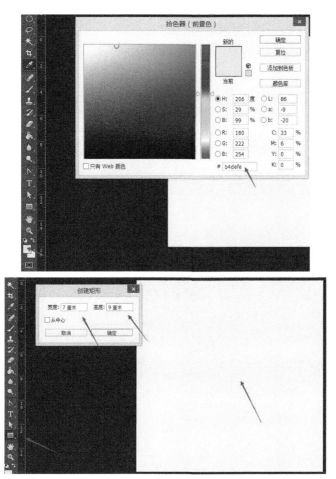

图 9-3

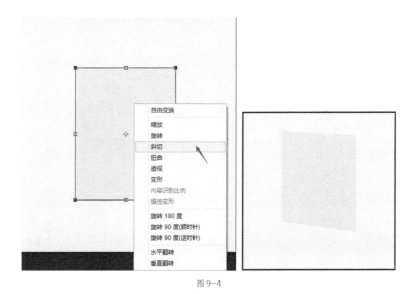

图 9-4

05 选择图层【后】，单击鼠标右键，在弹出的菜单中选择【混合选项】，在弹出的【图层样式】对话框中将【填充不透明度】设置为20%，勾选【将内部效果混合成组】和【透明形状图层】，如图9-5所示。

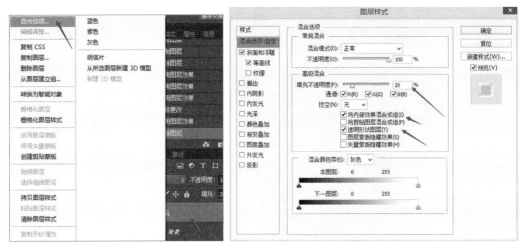

图9-5

06 勾选【斜面和浮雕】，【样式】选择【内斜面】，【方法】选择【平滑】，将【深度】设置为100%，【大小】设置为28像素，【软化】设置为8像素，取消勾选【使用全局光】，将【角度】设置为130度，【高度】设置为50度，勾选【消除锯齿】，【高光模式】选择【滤色】，【阴影模式】选择【叠加】，将色值设置为c3e6ff，勾选【等高线】，单击【等高线】旁的窗口，在弹出的【等高线编辑器】对话框中将曲线设置为图9-6所示的形状，将【范围】设置为90%。

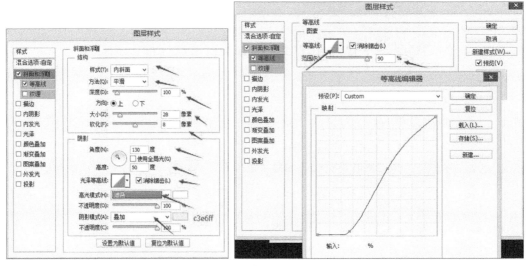

图9-6

07 勾选【描边】，将【大小】设置为10像素，【位置】选择【外部】，将【不透明度】设置为90%，【颜色】色值设置为81baff，如图9-7所示。

08 勾选【内阴影】，【混合模式】选择【叠加】，将颜色色值为304b98，取消勾选【使用全局光】，将【距离】设置为28像素，【阻塞】设置为25%，【大小】设置为56像素，如图9-8所示。

09 勾选【内发光】，【混合模式】选择【正片叠底】，将【不透明度】设置为50%，颜色色值设置为314e9a，【大小】设置为20像素，如图9-9所示。

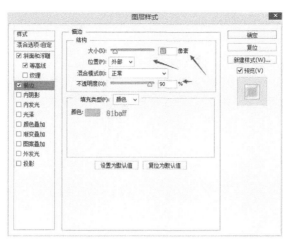

图 9-7

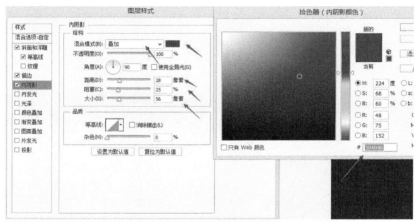

图 9-8

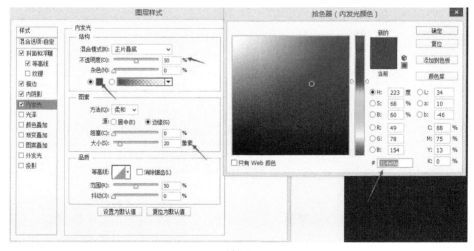

图 9-9

10 勾选【光泽】,【混合模式】选择【叠加】,将色值设置为60acff,【距离】设置为96像素,【大小】设置为96像素,【等高线】选择【环形】,勾选【消除锯齿】和【反相】,如图9-10所示。

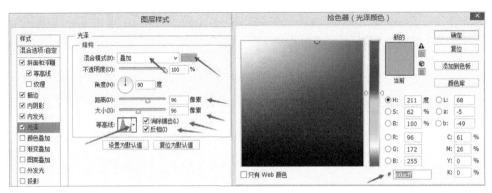

图9-10

11 勾选【颜色叠加】，将色值设置为b7e1f7，如图9-11所示。

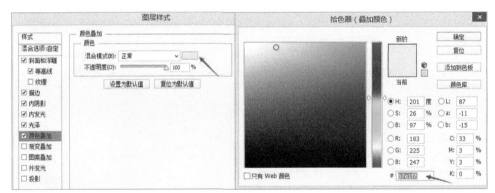

图9-11

12 勾选【外发光】，【混合模式】选择【滤色】，将【不透明度】设置为63%，【颜色】色值设置为44cafe，【大小】设置为56像素，如图9-12所示。

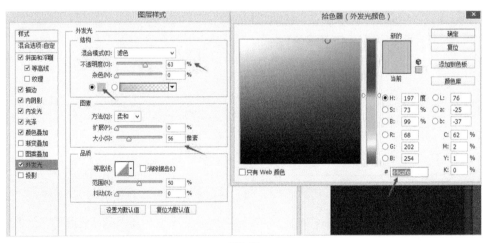

图9-12

13 单击工具箱中的【设置前景色】，在弹出的【拾色器】对话框中输入色值ffffff，选择【钢笔工具】，画出图9-13所示的轮廓。

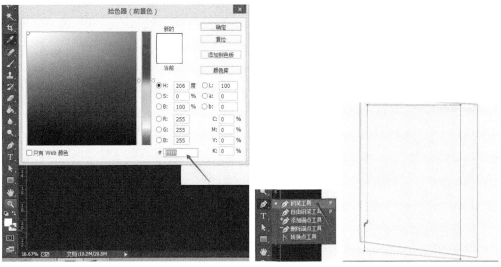

图9-13

14 单击【图层】面板上的【创建新图层】按钮，将新图层命名为"1"，如图9-14所示。

15 选择【钢笔工具】，在图上单击鼠标右键，在弹出的菜单中选择【填充路径】，在弹出的【填充路径】对话框中【使用】选择【前景色】，之后单击鼠标右键，在弹出的菜单中选择【建立选区】，在弹出的【创建选区】对话框中单击【确定】按钮，按Ctrl+D快捷键取消选择，如图9-15所示。

图9-14

图9-15

16 选择图层【1】，单击鼠标右键，在弹出的菜单中选择【混合选项】，在弹出的【图层样式】对话框中勾选【投影】，将颜色色值设置为1b1b1b，取消勾选【使用全局光】，将【角度】设置为-20度，【距离】设置为8像素，【扩展】设置为10%，【大小】设置为8像素，【等高线】选择【高斯】，如图9-16所示。

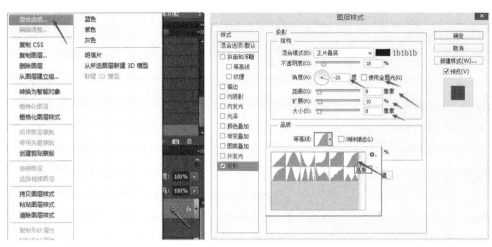

图9-16

17 选择【钢笔工具】勾出图中轮廓。单击【图层】面板上的【创建新图层】按钮，将图层命名为"2"。选择【钢笔工具】，在图上单击鼠标右键，在弹出的菜单中选择【填充路径】，在弹出的【填充路径】对话框中【使用】选择【前景色】，如图9-17所示。然后单击鼠标右键，在弹出的菜单中选择【建立选区】，在弹出的【建立选区】对话框中单击【确定】按钮，按Ctrl+D快捷键取消选择。

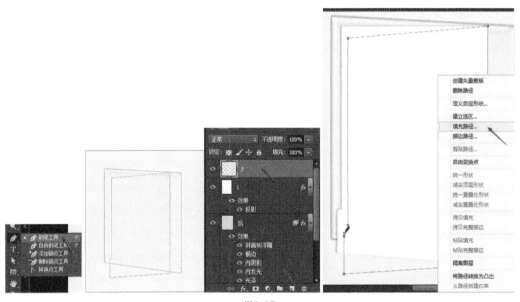

图9-17

18 选择图层【2】，单击鼠标右键，在弹出的菜单中选择【混合选项】，在弹出的【图层样式】对话框中勾选【投影】，将颜色色值为1b1b1b，取消勾选【使用全局光】，将【角度】设置为−20度，【距离】设置为12像素，【扩展】设置为22%，【大小】设置为6像素，【等高线】选择【高斯】，如图9-18所示。

19 选择【钢笔工具】勾出图中轮廓。单击【图层】面板上的【创建新图层】按钮，将图层命名为"3"。选择【钢笔工具】，在图上单击鼠标右键，在弹出的菜单中选择【填充路径】，在弹出的【填充路径】对话框中【使用】选择【前景色】，如图9-19所示。然后单击鼠标右键，在弹出的菜单中选择【建立选区】，在弹出的【建立选区】对话框中单击【确定】按钮，按Ctrl+D快捷键取消选择。

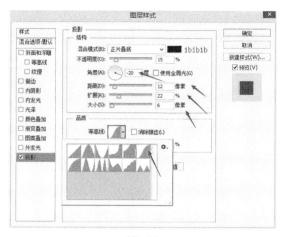

图9-18

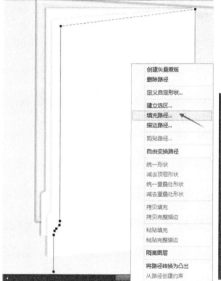

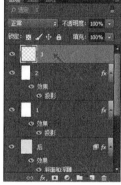

图9-19

20 选择图层【3】，单击鼠标右键，在弹出的
菜单中选择【混合选项】，在弹出的【图层样
式】对话框中勾选【投影】，将颜色色值设置为
1b1b1b，取消勾选【使用全局光】，将【角度】
设置为-20度，【距离】设置为9像素，【扩展】
设置为25%，【大小】设置为26像素，【等高线】
选择【高斯】，如图9-20所示。

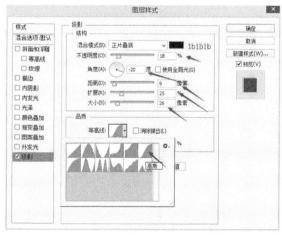

图9-20

21 选择【钢笔工具】勾出图9-21所示的轮廓。

22 单击工具箱中的【设置前景色】，在弹出的【拾色器】对话框中输入色值009100。单击【图层】面板上的【创建新图层】按钮，将图层命名为"前"，选择【钢笔工具】，在图上单击鼠标右键，在弹出的菜单中选择【填充路径】，在弹出的【填充路径】对话框中【使用】选择【前景色】，如图9-22所示。然后单击鼠标右键，在弹出的菜单中选择【建立选区】，在弹出的【建立选区】对话框中单击【确定】按钮，按Ctrl+D快捷键取消选择。

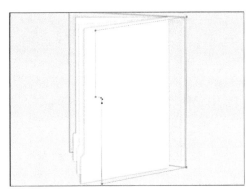

图9-21

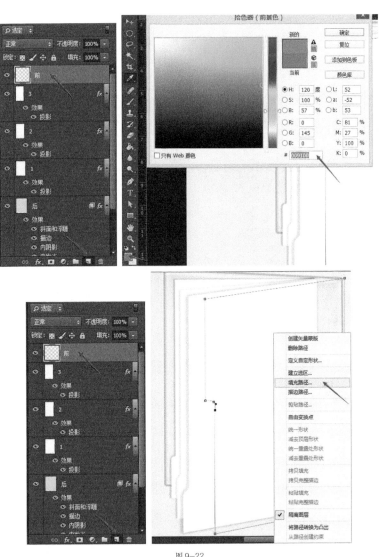

图9-22

23 双击图层【前】，在弹出的【图层样式】对话框中勾选【斜面和浮雕】，【样式】选择【浮雕效果】，【方法】选择【雕刻清晰】，将【深度】设置为230%，【大小】设置为25像素，取消勾选【使用全局光】，将【角度】设置为26度，【高度】设置为30度，【光泽等高线】选择【锥形】，取消勾选【消除锯齿】，【高光模式】选择【滤色】，将颜色色值设置为0036ff，【阴影模式】选择【正片叠底】，色值设置为0090ff，如图9-23所示。勾选【等高线】，【等高线】选择【高斯】。

24 勾选【内阴影】，【混合模式】选择【正片叠底】，将颜色色值设置为3fa7ff，【距离】设置为24像素，【阻塞】设置为21%，【大小】设置为21像素，如图9-24所示。

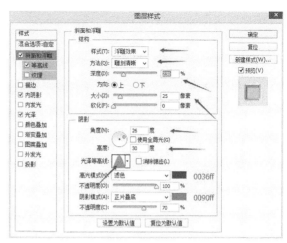

图9-23

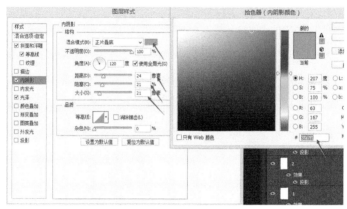

图9-24

25 勾选【光泽】，【混合模式】选择【正片叠底】，将色值设置为67b9ff，【距离】设置为6像素，【大小】设置为7像素，【等高线】选择【高斯】，勾选【反相】，如图9-25所示。

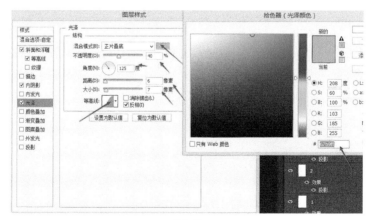

图9-25

26 勾选【混合选项】，将【不透明度】设置为80%，【填充不透明度】设置为20%，如图9-26所示。

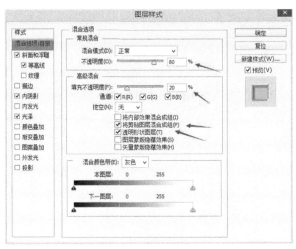

图9-26

27 选择【横排文字工具】，文字颜色设置为1b1b1b，在画板上输入文字，如图9-27所示，选择文字图层，单击鼠标右键，选择【栅格化文字】。

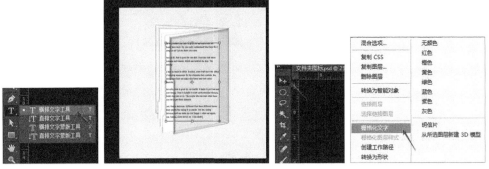

图9-27

28 选择文字图层，按Ctrl+T快捷键进入自由变换，单击鼠标右键，在弹出的菜单中选择【斜切】，将文字的透视关系调整成图9-28所示的形状，单击【移动工具】，在弹出的询问对话框中选择【应用】。

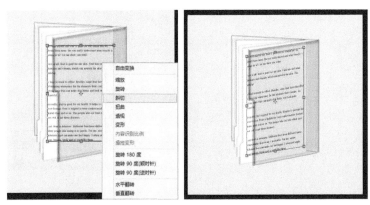

图9-28

图9-28（续）

29 选择文字图层，单击鼠标右键，在弹出的菜单中选择【复制图层】，将复制出的图层命名为"文字复制"，如图9-29所示。

图9-29

30 选择文字图层，执行【滤镜】-【模糊】-【高斯模糊】命令，在弹出的额【高斯模糊】对话框中将【半径】设置为40像素，如图9-30所示。

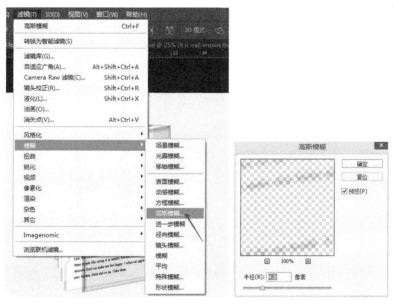

图9-30

31 选择【钢笔工具】，在画板上勾出图9-31所示的轮廓，单击鼠标右键，在弹出的菜单中选择【建立选区】，在弹出的【建立选区】对话框中单击【确定】按钮，选择图层【文字复制】，按Delete键删除选框内内容。

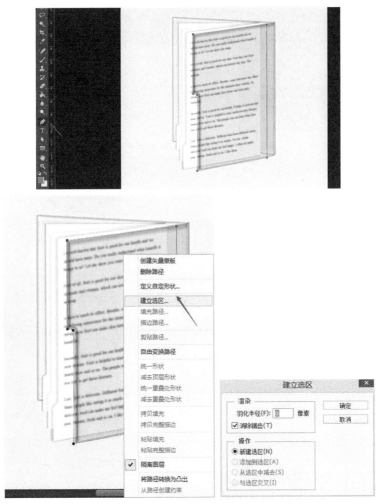

图9-31

32 选择文字图层，执行【选择】-【反向】命令，按Delete键删除选框内内容。执行【滤镜】-【模糊】-【高斯模糊】命令，在弹出的【高斯模糊】对话框中将【半径】设置为1.2像素，如图9-32所示。

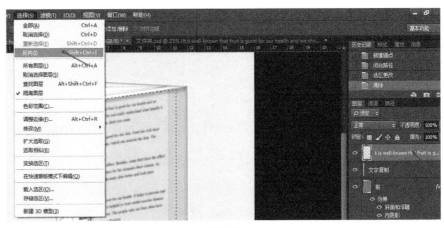

图9-32

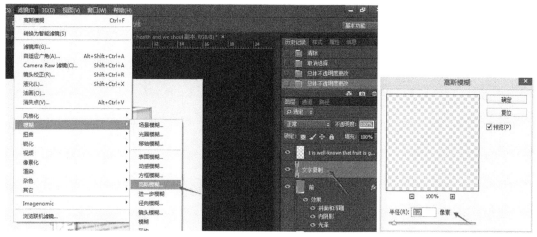

图9-32（续）

33 选择文字图层，将【不透明度】设置为65%；选择图层【文字复制】，将【不透明度】设置为80%，如图9-33所示。

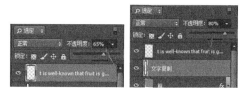

图9-33

34 选择【钢笔工具】，在画板上勾出图9-34所示的轮廓，单击工具箱中的【设置前景色】，在弹出的【拾色器】对话框中输入色值008aff。

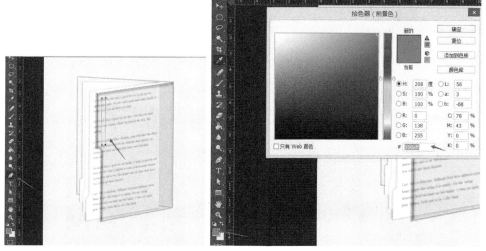

图9-34

35 单击【图层】面板上的【创建新图层】按钮，将图层命名为"条"。选择【钢笔工具】，在图上单击鼠标右键，在弹出的菜单中选择【填充路径】，在弹出的【填充路径】对话框中【使用】选择【前景色】，然后单击鼠标右键，在弹出的菜单中选择【建立选区】，在弹出的【建立选区】对话框中单击【确定】按钮，按Ctrl+D快捷键取消选择。选择图层【条】，将【不透明度】设置为65%，如图9-35所示。

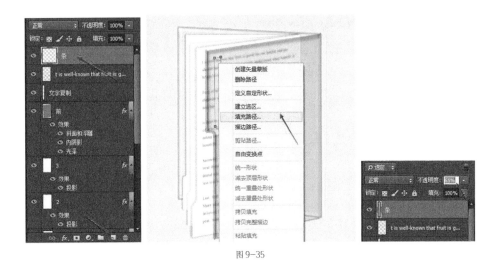

图9-35

36 选择【钢笔工具】，画出图9-36所示的轮廓。单击工具箱中的【设置前景色】，在弹出的【拾色器】对话框中输入色值ffffff。单击【图层】面板上的【创建新图层】按钮，将新图层命名为"高光"，如图9-36所示。选择【钢笔工具】，在图上单击鼠标右键，在弹出的菜单中选择【填充路径】，在弹出的【填充路径】对话框中【使用】选择【前景色】，然后单击鼠标右键，在弹出的菜单中选择【建立选区】，在弹出的【创建选区】对话框中单击【确定】按钮，按Ctrl+D快捷键取消选择。

图9-36

图9-36（续）

37 选择图层【高光】，将【不透明度】设置为35%，如图9-37所示。

38 制作完成，最终效果如图9-38所示。

图9-37

图9-38

第10章 制作充满质感的光盘图标

　　充满质感的光盘图标设计带着一股浓浓的科技气息、文化气息，让用户沉浸在现代化的设计空间之中。光盘图标设计中融入了很多元素，整体质感清晰，细节十分讲究，图标的隐喻表达十分明确，功能性清晰可见。

　　在本章的光盘图标设计中，重点是凸显光盘的质感以及钥匙的造型。在PS中运用"钢笔""椭圆""矩形"等工具来绘制光盘和钥匙的造型。在光盘的绘制中，利用鼠标右键创建圆，光盘的质感具有强烈的反光，利用图层样式为图层添加效果，将光盘的反光、钥匙的金属质感合理展现。

扫码看视频

01 打开PS，执行【文件】-【新建】命令，在弹出的【新建】对话框中将【名称】设置为"钥匙和光盘"，将【宽度】和【高度】都设置为16厘米，【分辨率】设置为300像素/英寸，【颜色模式】设置为RGB颜色8位，如图10-1所示。（本案例所介绍的步骤涉及的参数设置，正文中如未提及，则为默认。）

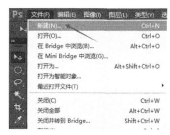

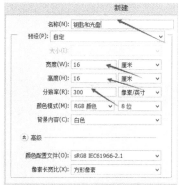

图10-1

02 选择图层【背景】，单击鼠标右键，在弹出的菜单中选择【混合选项】，在弹出的【图层样式】对话框中勾选【渐变叠加】，【样式】选择【线性】，将【角度】选择90度，单击【渐变】的色条，在弹出的【渐变编辑器】对话框中设置从左至右的色标，将【颜色】色值分别设置为e0e8eb、fbffff和1d6d6d6，【位置】分别设置为0%、41%和100%，如图10-2所示。

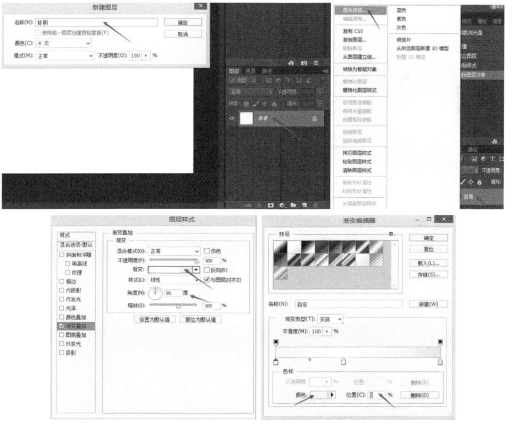

图10-2

03 按Ctrl+R快捷键调出标尺，将参考线横向和纵向都拉到8厘米的位置，如图10-3所示。单击工具箱中的【设置前景色】，在弹出的【拾色器】对话框中将色值设置为ffffff。

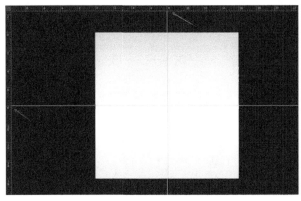

图10-3

04 选择【椭圆工具】，单击参考线的交点处，在弹出的【创建椭圆】对话框中将【宽度】和【高度】都设置为12.75厘米，勾选【从中心】，画出一个圆形，将图层命名为"反光"，如图10-4所示。

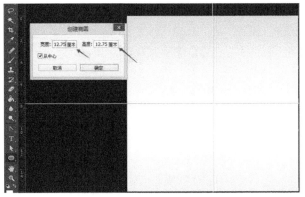

图10-4

05 选择【椭圆工具】，单击参考线的交点处，在弹出的【创建椭圆】对话框中将【宽度】和【高度】都设置为10.25厘米，勾选【从中心】，画出一个圆形，将图层命名为"灰"，如图10-5所示。

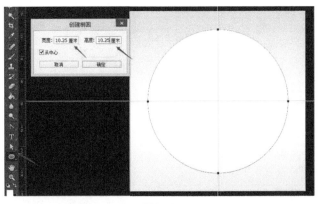

图10-5

06 选择【椭圆工具】，单击参考线的交点处，在弹出的【创建椭圆】对话框中将【宽度】和【高度】都设置为4.5厘米，勾选【从中心】，画出一个圆形，将图层命名为"内部灰"，如图10-6所示。

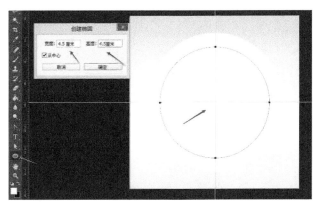

图10-6

07 选择【椭圆工具】，单击参考线的交点处，在弹出的【创建椭圆】对话框中将【宽度】和【高度】都设置为4厘米，勾选【从中心】，画出一个圆形，将图层命名为"中心1"，如图10-7所示。

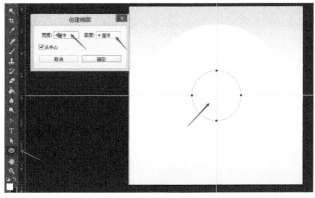

图10-7

08 选择【椭圆工具】，单击参考线的交点处，在弹出的【创建椭圆】对话框中将【宽度】和【高度】都设置为3.35厘米，勾选【从中心】，画出一个圆形，将图层命名为"中心2"，如图10-8所示。

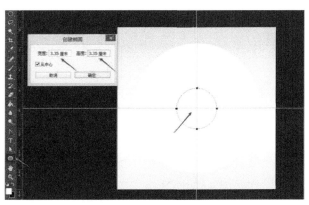

图10-8

09 选择【椭圆工具】，单击参考线的交点处，在弹出的【创建椭圆】对话框中将【宽度】和【高度】都设置为2.7厘米，勾选【从中心】，画出一个圆形，将图层命名为"中心3"，如图10-9所示。

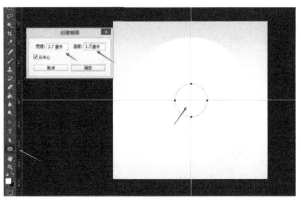

图10-9

10 选择【椭圆工具】，单击参考线的交点处，在弹出的【创建椭圆】对话框中将【宽度】和【高度】都设置为1.5厘米，勾选【从中心】，画出一个圆形，将图层命名为"中心"，如图10-10所示。

11 选择图层【中心】，单击鼠标右键，在弹出的菜单中选择【混合选项】，在弹出的【图层样式】对话框中勾选【描边】，将【大小】设置为7像素，【位置】选择【外部】，将【不透明度】设置为65%，【颜色】色值设置为000000，如图10-11所示。

图10-10

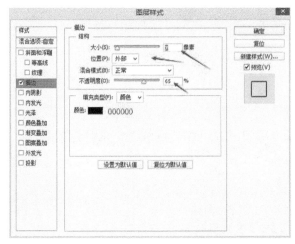

图10-11

12 选择图层【中心3】，单击鼠标右键，在弹出的菜单中选择【混合选项】，在弹出的【图层样式】对话框中勾选【描边】，将【大小】设置为5像素，【位置】选择【外部】，将【不透明度】设置为56%，【填充类型】选择【渐变】，将【角度】设置为30度。单击【渐变】旁的色条，在弹出的【渐变编辑器】对话框

中将左边色标【颜色】设置为7a8081，【位置】设置为0%，将右边色标【颜色】设置为d0e0e2，【位置】
设置为100%，如图10-12所示。

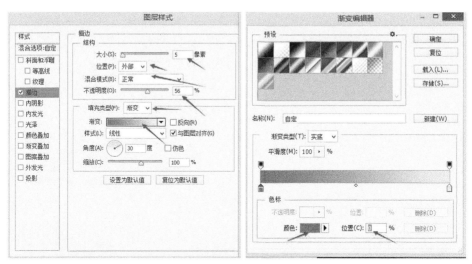

图10-12

13 选择图层【中心2】，单击鼠标右键，在弹出的菜单中选择【混合选项】，在弹出的【图层样式】对话
框中勾选【描边】，将【大小】设置为7像素，【位置】选择【外部】，将【不透明度】设置为56%，【填充
类型】选择【渐变】，将【角度】设置为-120度。单击【渐变】旁的色条，在弹出的【渐变编辑器】中将
左边色标【颜色】设置为000000，【位置】设置为0%，将右边色标【颜色】设置为d0e0e2，【位置】设置
为100%，如图10-13所示。

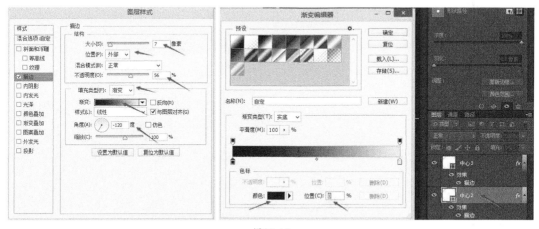

图10-13

14 选择图层【中心1】，单击鼠标右键，在弹出的菜单中选择【混合选项】，在弹出的【图层样式】对话
框中勾选【颜色叠加】，将【混合模式】色值设置为d0e0e2，【不透明度】设置为100%，如图10-14所示。

15 选择图层【内部灰】，单击鼠标右键，在弹出的菜单中选择【混合选项】，在弹出的【图层样式】对话
框中勾选【渐变叠加】，【样式】选择【线性】，将【角度】设置为90度，单击【渐变】的色条，在弹出的
【渐变编辑器】中设置从左至右的色标，将【颜色】色值分别设置为4a4a4a、7a7a7a、646464、8b9697

和4a4a4a，【位置】分别设置为0%、25%、50%、78%和100%，如图10-15所示。

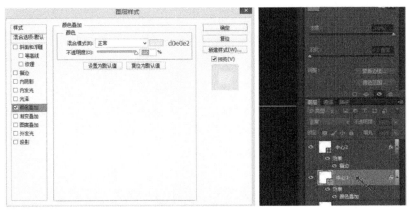

图10-14

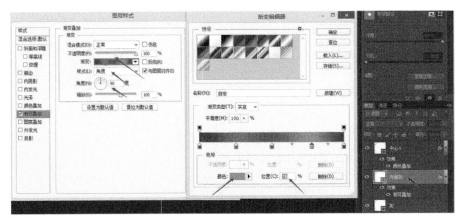

图10-15

16 勾选【颜色叠加】，将【混合模式】色值设置为c5c5cc，【不透明度】设置为100%。将图层【灰】的【不透明度】设置为60%，如图10-16所示。

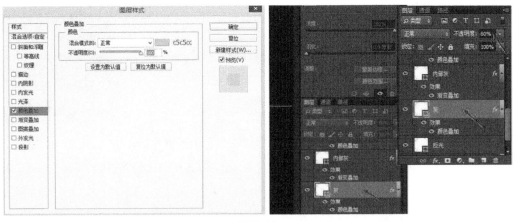

图10-16

17 选择图层【反光】，单击鼠标右键，在弹出的菜单中选择【混合选项】，在弹出的【图层样式】对话框中勾选【斜面和浮雕】，【样式】选择【描边浮雕】，【方法】选择【平滑】，将【深度】设置为1%，【大小】

设置为16像素，【软化】设置为4像素，取消勾选【使用全局光】，将【角度】设置为-90度，【高度】设置为25度，【光泽等高线】调整为图10-17所示的形状，【高光模式】选择【颜色减淡】，将色值设置为ffffff，【阴影模式】色值设置为bdbdbd，【不透明度】设置为60%，如图10-17所示。

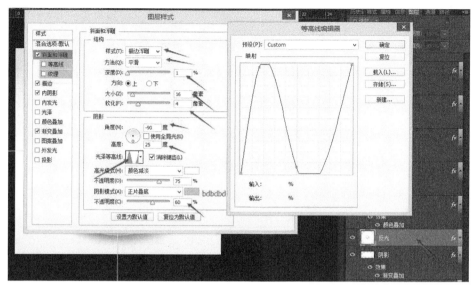

图10-17

18 勾选【描边】，将【大小】设置为21像素，【位置】选择【外部】，将【不透明度】设置为100%，【填充类型】选择【渐变】，将【角度】设置为-160度，单击【渐变】旁的色条，在弹出的【渐变编辑器】中将左边色标【颜色】设置为9e9c98，【位置】设置为0%，将右边色标【颜色】设置为e1e1e1，【位置】设置为100%，如图10-18所示。

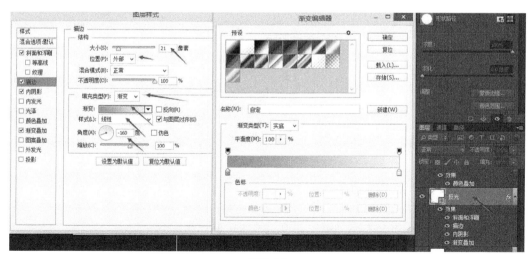

图10-18

19 勾选【内阴影】，【混合模式】选择【叠加】，将色值设置为ffffff，【不透明度】设置为45%，取消勾选【使用全局光】，将【角度】设置为90度，【距离】设置为5像素，【阻塞】设置为100%，【大小】设置为3像素，如图10-19所示。

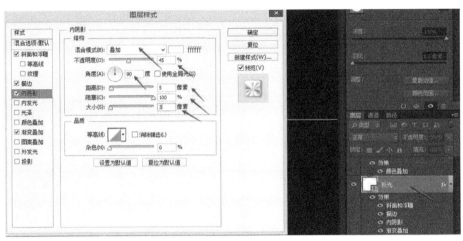

图 10-19

20 勾选【渐变叠加】，【样式】选择【线性】，将【角度】设置为90度，单击【渐变】的色条，在弹出的【渐变编辑器】中设置从左至右的色标，将【颜色】色值分别设置为afafbb、ffffff、afafbb、eeeeee、afafbb、b5e4fe、7d86ff、f2adbf、f9faef、cecad2、ffffff、afafbb、f1f1f1、a0a0a0、b5e4fe、7d86ff、f2adbf、ffffff和afafbb，【位置】分别设置为0%、5%、10%、15%、18%、26%、29%、35%、41%、49%、56%、61%、65%、68%、72%、79%、83%、89%和100%，如图10-20所示。

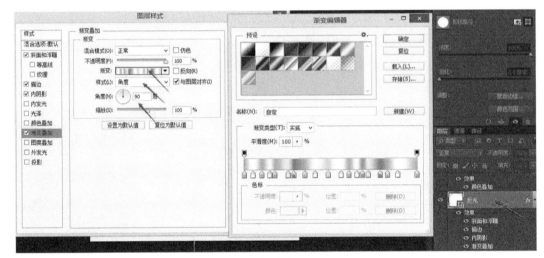

图 10-20

21 选择【椭圆工具】，单击画板，在弹出的【创建椭圆】对话框中将【宽度】和【高度】设置均为1.5厘米，画出一个圆形，将图层命名为"钥匙圆内"，将此图层置于所有图层的顶部。选择【椭圆工具】，单击画板，在弹出的【创建椭圆】对话框中将【宽度】和【高度】设置均为2.5厘米，画出一个圆形，将图层命名为"钥匙圆外"，如图10-21所示。

22 关闭图层【钥匙圆外】的图层可见性，选择图层【钥匙圆内】，单击【魔棒工具】选择白色小圆，建立选区。选择图层【钥匙圆外】并打开图层可见性，删除图层【钥匙圆内】。选择图层【钥匙圆外】，单击鼠标右键，在弹出的菜单中选择【栅格化图层】，按Delete键删除选区的内容，如图10-22所示。

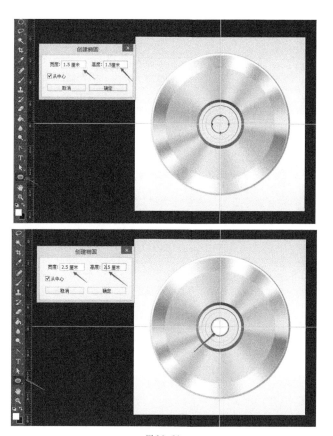

图10-21

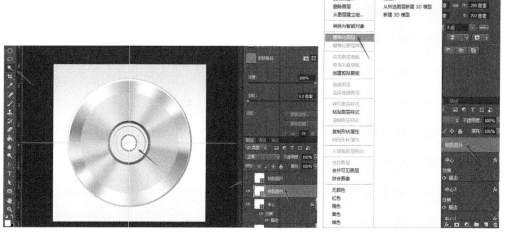

图10-22

23 选择图层【钥匙圆外】，单击鼠标右键，在弹出的菜单中选择【混合选项】，在弹出的【图层样式】对话框中勾选【斜面和浮雕】，【等高线】选择【锥形-反转】，【样式】选择【内斜面】，【方法】选择【平滑】，将【深度】设置为205%，【大小】设置为20像素，【软化】设置为16像素，取消勾选【使用全局光】，将【角度】设置为−35度，【高度】设置为50度，【光泽等高线】选择【高斯】，【高光模式】选择【实色混合】，将【阴影模式】色值设置为743707，【不透明度】设置为60%，如图10-23所示。

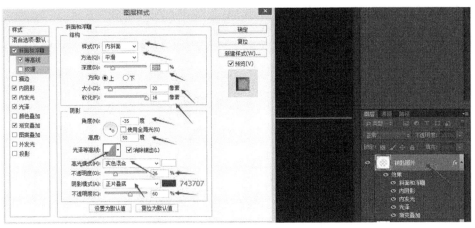

图 10-23

24 勾选【内阴影】，将【混合模式】色值设置为8d4b15，【不透明度】设置为75%，取消勾选【使用全局光】，将【角度】设置为−105度，【距离】设置为8像素，【阻塞】设置为30%，【大小】设置为18像素，如图10-24所示。

25 勾选【内发光】，【混合模式】选择【滤色】，将【不透明度】设置为30%，色值设置为383832，【等高线】选择【半圆】，如图10-25所示。

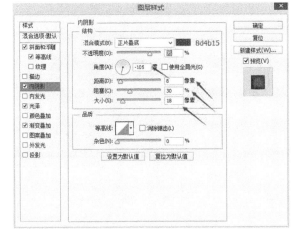

图 10-24

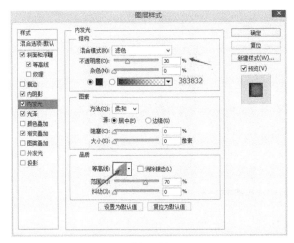

图 10-25

26 勾选【光泽】，将【混合模式】色值设置为fbc772，【不透明度】设置为50%，【角度】设置为145度，【距离】设置为31像素，【大小】设置为18像素，【等高线】选择【高斯】，如图10-26所示。

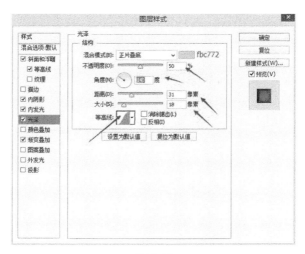

图 10-26

27 勾选【渐变叠加】,【样式】选择【线性】,将【角度】设置为0度,单击【渐变】的色条,在弹出的【渐变编辑器】对话框中设置从左至右的色标,将【颜色】色值分别设置为8953la、7c3f11、995c23、ca7b3f、f1bb7a和f8b34d,【位置】分别设置为21%、48%、60%、75%、83%和91%,得到立体圆环,如图10-27所示。

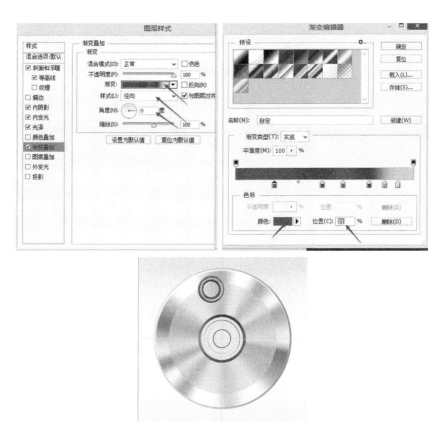

图 10-27

28 选择图层【钥匙圆外】,单击鼠标右键,在弹出的菜单中选择【复制图层】,将复制出来的图层命名为"钥匙圆左"。选择图层【钥匙圆左】,单击鼠标右键,在弹出的菜单中选择【转换为智能对象】。选择图层

【钥匙圆左】，单击鼠标右键，在弹出的菜单中选择【栅格化图层】，如图10-28所示。

图10-28

29 选择【矩形选框工具】，在图中建立选区，选择图层【钥匙圆左】，按Delete键删除选区的部分，如图10-29所示。

30 选择图层【钥匙圆左】，复制两次图层，将复制出来的图层分别命名为"钥匙圆上"和"钥匙圆右"，调整图层顺序，如图10-30所示。

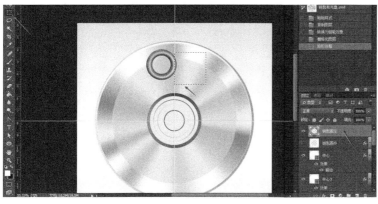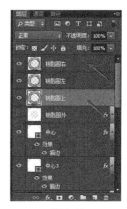

图10-29　　　　　　　　　　　　　　　　　　　　　　　　　图10-30

31 选择图层【钥匙圆右】，按Ctrl+T快捷键进入自由变换，单击鼠标右键，在弹出的菜单中选择【水平翻转】，将其移动到图10-31所示的位置。

图10-31

32 选择图层【钥匙圆上】，按Ctrl+T快捷键进入自由变换，按住Shift键顺时针旋转90度，单击【移动工具】，在弹出的询问对话框中选择【应用】。选择【矩形选框工具】，在图中建立选区。选择图层【钥匙圆上】，按Delete键删除选区的部分，得到图10-32所示的效果。

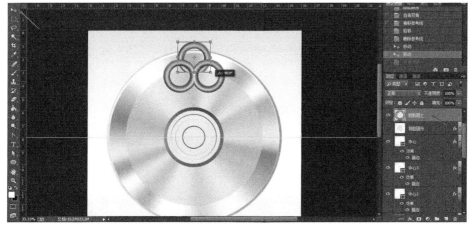

图10-32

图10-32（续）

33 选择【钢笔工具】勾出图中轮廓。单击【图层】面板上的【创建新图层】按钮，将新图层命名为"连接球"。选择【钢笔工具】，在图上单击鼠标右键，在弹出的菜单中选择【填充路径】，在弹出的【填充路径】对话框中【使用】选择【前景色】，如图10-33所示。

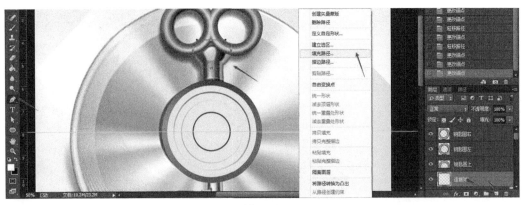

图10-33

34 选择图层【连接球】，单击鼠标右键，在弹出的菜单中选择【混合选项】，在弹出的【图层样式】对话框中勾选【斜面和浮雕】，【样式】选择【内斜面】，【方法】选择【平滑】，将【深度】设置为430%，【大小】设置为54像素，【软化】设置为16像素，取消勾选【使用全局光】，将【角度】设置为90度，【高度】设置为42度，【光泽等高线】选择【高斯】，【高光模式】选择【颜色减淡】，将色值设置为331501，【阴影模式】色值设置为e59d35，【不透明度】设置为60%，如图10-34所示。

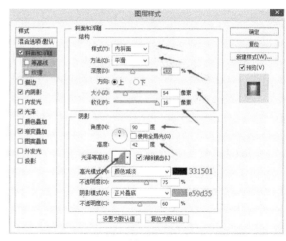

图 10-34

35 勾选【内阴影】，将【混合模式】的色值设置为8a4115，【不透明度】设置为80%，取消勾选【使用全局光】，将【角度】设置为90度，【距离】设置为26像素，【阻塞】设置为39%，【大小】设置为30像素，如图10-35所示。

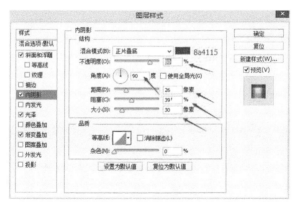

图 10-35

36 勾选【光泽】，将【混合模式】色值设置为e5c069，【不透明度】设置为50%，【角度】设置为19度，【距离】设置为11像素，【大小】设置为14像素，【等高线】选择【高斯】，如图10-36所示。

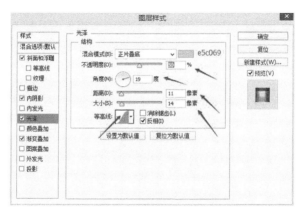

图 10-36

37 勾选【渐变叠加】，【样式】选择【线性】，将【角度】设置为0度，单击【渐变】的色条，在弹出的【渐变编辑器】对话框中设置从左至右的色标，将【颜色】色值分别设置为ce9a2e、86350d、86350d、f2ebbf、f2e197、b268lf、b268lf、debc2f、e5ca30和lcc9d5d，【位置】分别设置为0%、11%、22%、32%、38%、65%、74%、90%、95%和100%，如图10-37所示。

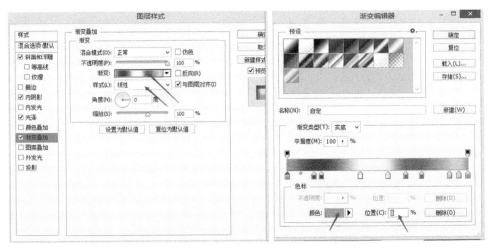

图10-37

38 选择【钢笔工具】勾出图中轮廓。单击【图层】面板上的【创建新图层】按钮，将新图层命名为"连接圆柱"。选择【钢笔工具】，在图上单击鼠标右键，在弹出的菜单中选择【填充路径】，在弹出的【填充路径】对话框中【使用】选择【前景色】，如图10-38所示。

图10-38

39 选择图层【圆柱连接】，单击鼠标右键，在弹出的菜单中选择【混合选项】，在弹出的【图层样式】对话框中勾选【斜面和浮雕】，【样式】选择【内斜面】，【方法】选择【平滑】，将【深度】设置为130%，【大小】设置为0像素，【软化】设置为0像素，取消勾选【使用全局光】，将【角度】设置为-12度，【高度】设置为25度，【光泽等高线】选择【高斯】，【高光模式】选择【颜色减淡】，将【阴影模式】色值设置为bdbdbd，【不透明度】设置为60%，如图10-39所示。

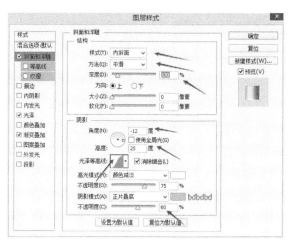

图10-39

40 勾选【光泽】，将【混合模式】色值设置为 e5c069，【不透明度】设置为50%，【角度】设置为19度，【距离】设置为11像素，【大小】设置为15像素，【等高线】选择【高斯】，如图10-40所示。

41 勾选【渐变叠加】，【样式】选择【线性】，将【角度】设置为0度，单击【渐变】的色条，在弹出的【渐变编辑器】对话框中设置从左至右的色标，将【颜色】色值分别设置为ce9a2e、

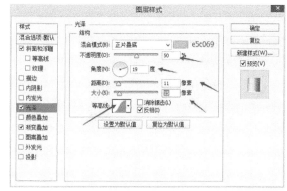

图10-40

86350d、86350d、f2ebbf、f2e197、b2681f、b2681f、debc2f、e5ca30和cc9d5d，【位置】分别设置为0%、10%、15%、33%、45%、65%、74%、90%、95%和100%，如图10-41所示。

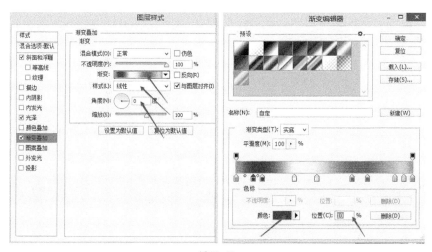

图10-41

42 选择【椭圆工具】，单击画板，在弹出的【创建椭圆】对话框中将【宽度】设置为0.97厘米，【高度】设置为0.4厘米，画出一个椭圆形，将图层命名为"连接球2"，如图10-42所示。

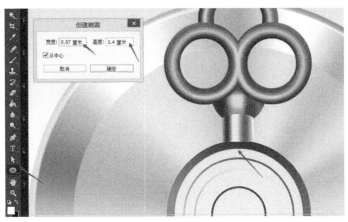

图10-42

43 选择图层【连接球2】，单击鼠标右键，在弹出的菜单中选择【混合选项】，在弹出的【图层样式】对话框中勾选【斜面和浮雕】，【样式】选择【内斜面】，【方法】选择【平滑】，将【深度】设置为865%，【大小】设置为140像素，【软化】设置为0像素，取消勾选【使用全局光】，将【角度】设置为120度，【高度】设置为25度，【高光模式】选择【颜色减淡】，将色值设置为40392e，【阴影模式】色值设置为bdbdbd，【不透明度】设置为60%，如图10-43所示。

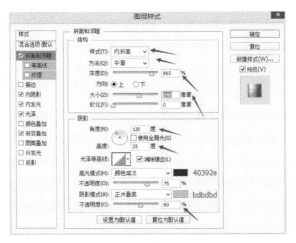

图10-43

44 勾选【内阴影】，将【混合模式】的色值设置为c67615，【不透明度】设置为75%，取消勾选【使用全局光】，将【角度】设置为180度，【距离】设置为5像素，【阻塞】设置为0%，【大小】设置为5像素，如图10-44所示。

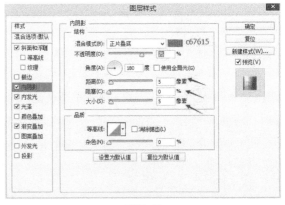

图10-44

45 勾选【内发光】,【混合模式】选择【滤色】,将色值设置为ffffbe,【大小】设置为6像素,如图10-45所示。

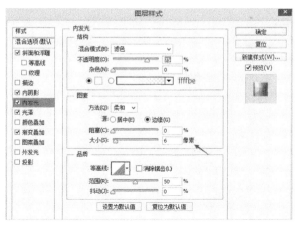

图 10-45

46 勾选【光泽】,将【混合模式】的色值设置为e5c069,【不透明度】设置为50%,【角度】设置为19度,【距离】设置为11像素,【大小】设置为15像素,【等高线】选择【高斯】,如图10-46所示。

47 勾选【渐变叠加】,【样式】选择【线性】,将【角度】设置为0度,单击【渐变】的色条,在弹出的【渐变编辑器】对话框中设置从左至右的色标,将【颜色】色值分别设置为ce9a2e、

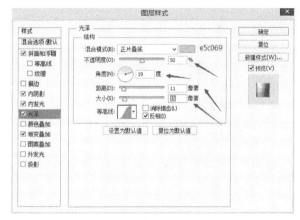

图 10-46

86350d、86350d、f2ebbf、f2e197、b2681f、b2681f、debc2f、e5ca30和cc9d5d,【位置】分别设置为0%、10%、15%、33%、45%、65%、74%、90%、95%和100%,如图10-47所示。

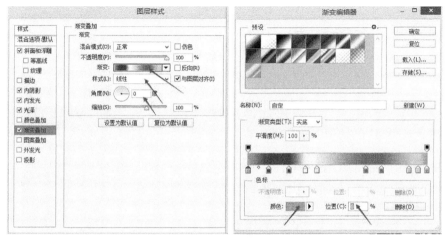

图 10-47

48 选择【钢笔工具】勾出图中轮廓。单击【图层】面板上的【创建新图层】按钮，将图层命名为"钥匙杆"。选择【钢笔工具】，在图上单击鼠标右键，在弹出的菜单中选择【填充路径】，在弹出的【填充路径】对话框中【使用】选择【前景色】，如图10-48所示。

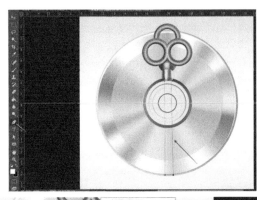

图10-48

49 选择图层【连接圆柱】，单击鼠标右键，选择【拷贝图层样式】；选择图层【钥匙杆】，单击鼠标右键，选择【粘贴图层样式】，得到图10-49所示的效果。

图10-49

图10-49（续）

50 选择【椭圆工具】，单击画板，在弹出的【创建椭圆】对话框中将【宽度】和【高度】均设置为0.9厘米，画出一个圆形，将图层命名为"尖"，如图10-50所示。

51 选择图层【尖】，单击鼠标右键，在弹出的菜单中选择【混合选项】，在弹出的【图层样式】对话框中勾选【渐变叠加】，【样式】选择【角度】，将【角度】设置为-180度，单击【渐变】的色条，在弹

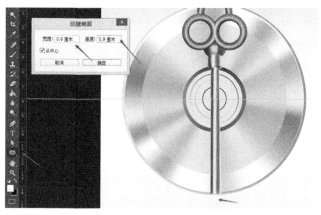

图10-50

出的【渐变编辑器】中设置从左至右的色标，将【颜色】色值分别设置为b58147、a4470a、ebc175、f3be7a、be6100、b06a14、bf5702和c3862d，【位置】分别设置为0%、10%、19%、22%、29%、34%、45%和100%，如图10-51所示。

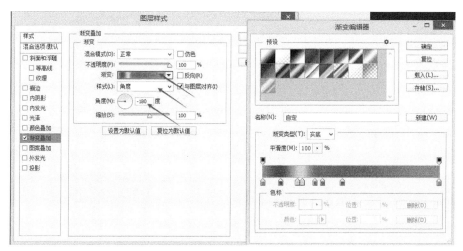

图10-51

52 选择【钢笔工具】勾出图中轮廓。选择图层【尖】，选择【钢笔工具】，在图上单击鼠标右键，在弹出的菜单中选择【建立选区】，在弹出的【建立选区】对话框中【选择】选择【反向】。选择图层【尖】，单

击鼠标右键，在弹出的菜单中选择【转换为智能对象】，单击鼠标右键，在弹出的菜单中选择【栅格化图层】。按Delete键删除选区的部分，得到图10-52所示的效果。

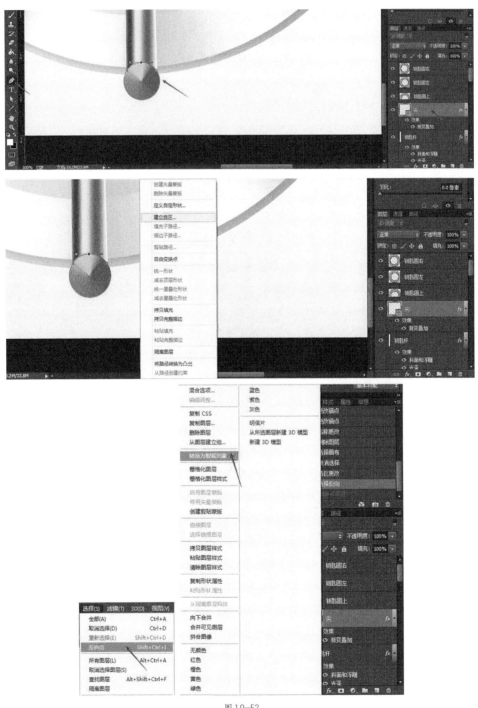

图10-52

图10-52（续）

53 选择【矩形工具】，单击画板，在弹出的【创建矩形】对话框中将【宽度】设置为0.35厘米，【高度】设置为3.25厘米，画出一个矩形，将图层命名为"长方形"，如图10-53所示。

54 选择图层【长方形】，单击鼠标右键，在弹出的菜单中选择【混合选项】，在弹出的【图层样式】对话框中勾选【渐变叠加】，【样式】选择【线性】，将【角度】设置为90度，单击【渐变】的色条，在弹出的【渐变编辑器】对话框中设置从左至右的色标，将【颜色】色值分别设置为c99129、dab872、b58023、cb9c43、d9a853、b5761e、c88b2a、cf9d56、cea844和f8dc9c，【位置】分别设置为0%、26%、36%、38%、62%、64%、77%、80%、88%和100%，如图10-54所示。

图10-53

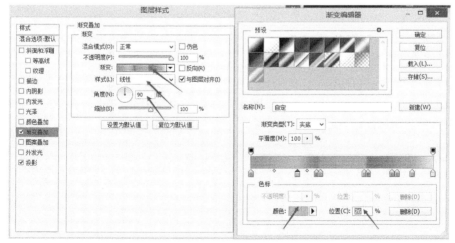

图10-54

55 勾选【投影】，【混合模式】选择【正片叠底】，将颜色色值设置为773c0b，【不透明度】设置为100%，【角度】设置为45度，【距离】设置为5像素，【扩展】设置为100%，【大小】设置为3像素，如图10-55所示。

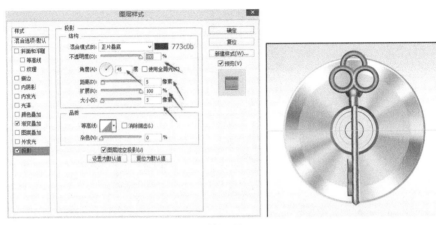

图10-55

56 选择【椭圆工具】，单击画板，在弹出的【创建椭圆】对话框中将【宽度】设置为0.15厘米，【高度】设置为1.05厘米，画出一个椭圆形，将图层命名为"连接长方形"，如图10-56所示。

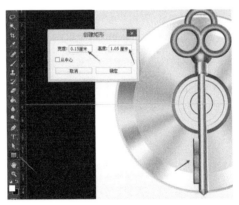

图10-56

57 选择图层【连接长方形】，单击鼠标右键，在弹出的菜单中选择【混合选项】，在弹出的【图层样式】对话框中勾选【颜色叠加】，将【混合模式】色值设置为bb6618，【不透明度】设置为100%，如图10-57所示。

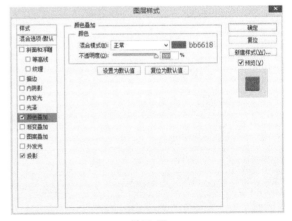

图10-57

58 勾选【投影】,【混合模式】选择【正片叠底】,将颜色色值设置为1b1b1b,【不透明度】设置为90%,【角度】设置为45度,【距离】设置为5像素,【扩展】设置为100%,【大小】设置为4像素,如图10-58所示。

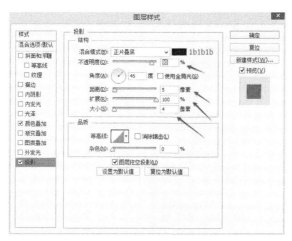

图10-58

59 选择【钢笔工具】勾出图中轮廓。单击【图层】面板上的【创建新图层】按钮,将图层命名为"钥匙锯齿"。选择图层【钥匙锯齿】,在图上单击鼠标右键,在弹出的菜单中选择【填充路径】,在弹出的【填充路径】对话框中【使用】选择【前景色】,如图10-59所示。

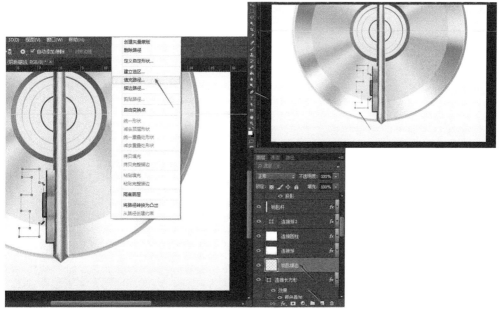

图10-59

60 选择图层【长方形】,单击鼠标右键,选择【拷贝图层样式】。选择图层【钥匙锯齿】,单击鼠标右键,选择【粘贴图层样式】,得到图10-60所示的效果。

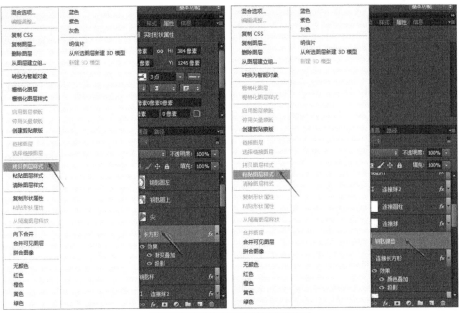

图 10-60

61 按住Shift键，同时选中钥匙的所有图层（包括图层【钥匙圆右】、【钥匙圆左】、【钥匙圆上】、【尖】、【长方形】、【钥匙杆】、【连接球2】、【连接圆柱】、【连接球】、【连接锯齿】、【连接长方形】和【钥匙锯齿】），单击鼠标右键，在弹出的菜单中选择【复制图层】，选中所有得到的拷贝图层，单击鼠标右键，在弹出的菜单中选择【合并图层】，将合并的图层命名为"钥匙阴影"，并将【填充】设置为0%，如图10-61所示。

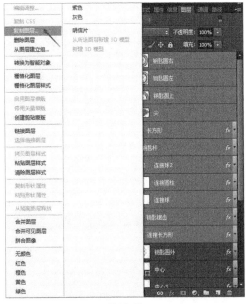

图 10-61

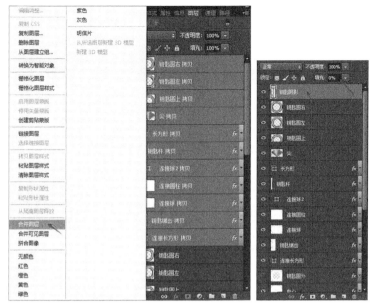

图 10-61（续）

62 选择图层【钥匙阴影】，单击鼠标右键，在弹出的菜单中选择【混合选项】，在弹出的【图层样式】对话框中勾选【投影】，【混合模式】选择【正片叠底】，将【不透明度】设置为40%，【角度】设置为45度，【距离】设置为26像素，【扩展】设置为28%，【大小】设置为26像素，如图10-62所示。

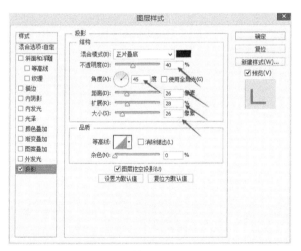

图 10-62

63 按住Shift键，同时选中钥匙的所有图层（包括图层【钥匙圆右】、【钥匙圆左】、【钥匙圆上】、【尖】、【长方形】、【钥匙杆】、【连接球2】、【连接圆柱】、【连接球】、【连接锯齿】、【连接长方形】、【钥匙锯齿】和【钥匙阴影】），单击鼠标右键，在弹出的菜单中选择【复制图层】。单击【创建新组】，将组命名为"钥匙智能对象"，选中所有复制图层得到的拷贝图层，将其拖曳到组【钥匙智能对象】里，并关闭图层【钥匙圆右】、【钥匙圆左】、【钥匙圆上】、【尖】、【长方形】、【钥匙杆】、【连接球2】、【连接圆柱】、【连接球】、【连接锯齿】、【连接长方形】、【钥匙锯齿】和【钥匙阴影】的图层可见性，如图10-63所示。

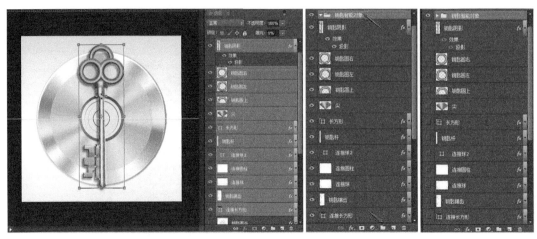

图10-63

64 按住Shift键选中组【钥匙智能对象】里的所有图层，单击鼠标右键，在弹出的菜单中选择【转换为智能对象】，得到图层【钥匙阴影 拷贝】，如图10-64所示。

65 选择图层【钥匙阴影 拷贝】，按Ctrl+T快捷键进入自由变换，按住Shift键逆时针旋转45度，单击【移动工具】，在弹出的询问对话框中选择【置入】，得到图10-65所示的效果。

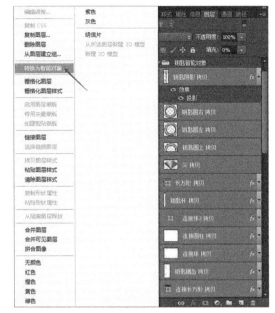

图10-64

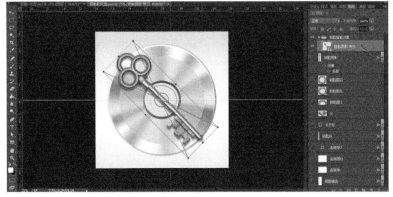

图10-65

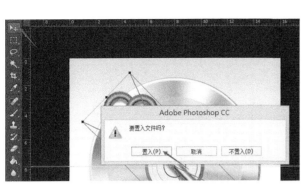

图10-65（续）

66 选择【椭圆工具】，单击画板，在弹出的【创建椭圆】对话框中将【宽度】设置为9.2厘米，【高度】设置为3.6厘米，画出一个椭圆形，将图层命名为"阴影"，如图10-66所示。

图10-66

67 选择图层【阴影】，单击鼠标右键，在弹出的菜单中选择【混合选项】，在弹出的【图层样式】对话框中勾选【渐变叠加】，【样式】选择【线性】，将【角度】设置为76度，单击【渐变】的色条，在弹出的【渐变编辑器】对话框中选择【黑、白渐变】，如图10-67所示。

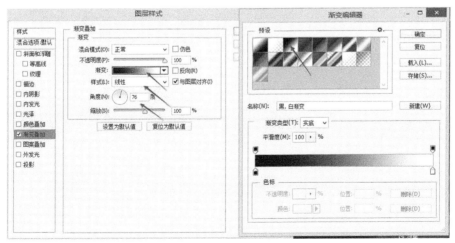

图10-67

68 选择图层【阴影】，执行【滤镜】-【模糊】-【高斯模糊】命令，在弹出的询问对话框中单击【确定】按钮，在弹出的【高斯模糊】对话框中将【半径】设置为35.0像素。将图层【阴影】的【不透明度】设置为45%，得到图10-68所示的效果。

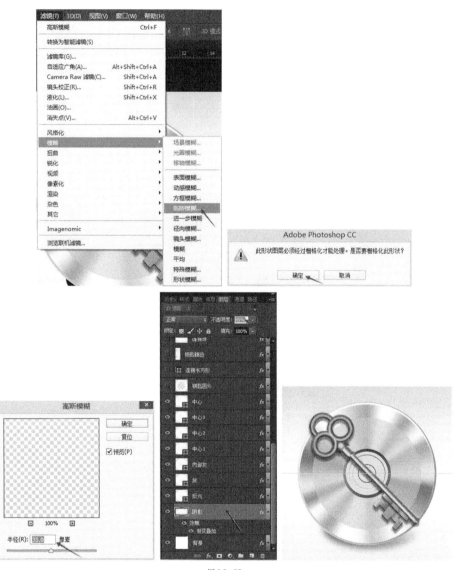

图10-68

69 选择图层【中心】，选择【魔棒工具】，选中图10-69所示的区域，将图层【中心】、【中心3】、【中心2】、【中心1】、【内部灰】、【灰】、【反光】全部选中，单击鼠标右键，在弹出的菜单中选择【栅格化图层】。分别选中图层【中心3】、【中心2】、【中心1】、【内部灰】、【灰】、【反光】，按Delete键删除选区的部分，如图10-69所示。

70 选择【椭圆选框工具】，在图中建立选区，选择图层【反光】，按Delete键删除选区的部分，如图10-70所示。

71 制作完成，最终效果如图10-71所示。

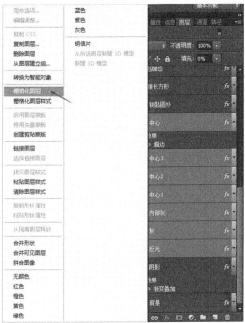

图 10-69

图 10-70

图 10-71